BEI GRIN MACHT SICH IHR
WISSEN BEZAHLT

- Wir veröffentlichen Ihre Hausarbeit,
  Bachelor- und Masterarbeit

- Ihr eigenes eBook und Buch -
  weltweit in allen wichtigen Shops

- Verdienen Sie an jedem Verkauf

Jetzt bei www.GRIN.com hochladen
und kostenlos publizieren

Bibliografische Information der Deutschen Nationalbibliothek:

Die Deutsche Bibliothek verzeichnet diese Publikation in der Deutschen National-
bibliografie; detaillierte bibliografische Daten sind im Internet über http://dnb.d-
nb.de/ abrufbar.

Impressum:

Copyright © 2016 GRIN Verlag, Open Publishing GmbH
Druck und Bindung: Books on Demand GmbH, Norderstedt Germany
ISBN: 9783668259645

Dieses Buch bei GRIN:

http://www.grin.com/de/e-book/336293/mathematik-fuer-studenten-teil-2

Uwe Sliwczuk

Mathematik für Studenten Teil 2

Aufgaben mit ausführlichen Lösungen für Studenten des ersten Semesters Physik, Chemie, Maschinenbau und Elektrotechnik

GRIN Verlag

GRIN - Your knowledge has value

Der GRIN Verlag publiziert seit 1998 wissenschaftliche Arbeiten von Studenten, Hochschullehrern und anderen Akademikern als eBook und gedrucktes Buch. Die Verlagswebsite www.grin.com ist die ideale Plattform zur Veröffentlichung von Hausarbeiten, Abschlussarbeiten, wissenschaftlichen Aufsätzen, Dissertationen und Fachbüchern.

Besuchen Sie uns im Internet:

http://www.grin.com/

http://www.facebook.com/grincom

http://www.twitter.com/grin_com

Aufgaben zur „Mathevorlesung für Studenten der technischen Fachrichtungen Physik, Chemie, Maschinenbau und Elektrotechnik"

Teil 2

Durchgerechnete Aufgaben des ersten Semesters

Vorwort

Glücklichen Studenten der Fachrichtungen Physik, Chemie, Maschinenbau und Elektrotechnik wird häufig eine auf das gewählte Studienfach *angepasste* mathematische Vorlesung angeboten. Üblicherweise handelt es sich bei dem jeweiligen Vorlesungsangebot („Mathematik für: Physiker" oder „Mathematik für Chemiker" usw.) um eine ungeliebte Serviceleistung des Faches „Mathematik", die auf das Wesentlichste eingedampft und gerade darum häufig nicht verständlich ist. Darüber hinaus müssen noch immer langweilige mathematische Beweise geführt werden. Warum, hat sich mir nie erschlossen. Wenn Fachleute, und dazu zähle ich Mathematiker, einen in der Fachwelt anerkannten mathematischen Beweis geführt haben, dann werde ich als mathematischer Laie diesen nicht anzweifeln. Ich habe immer an den „Bronstein" geglaubt und bin nie enttäuscht worden.

Vertiefte Kenntnisse dieser speziell angebotenen Mathematik bilden allerdings das Rüstzeug, um das Hauptstudium erfolgreich zu bestehen! Die Aufgaben zur Vorlesung sind, obwohl der mathematische Inhalt auf das Wesentlichste reduziert ist, durchaus anspruchsvoll. 40% der Physik-Studenten meines Jahrgangs haben ihr Studium aus genau diesem Grunde geschmissen. Einen ersten Eindruck erhält man beim Nachvollziehen der in diesem Büchlein zusammengestellten Aufgaben. Wer glaubt, dass diese Aufgaben zu schwierig sind, sollte kein technisches Studium beginnen. Das zweite Semester wird nicht leichter!

Die gute Nachricht ist, dass fast alle Ingenieure und Bachelor technischer Fachrichtungen im realen Berufsleben durchaus mit wenigen grundlegenden Kenntnissen mathematischer Verfahren auskommen. Sollte im Ausnahmefall mehr gefordert werden, ist in der Regel genug Zeit vorhanden, die benötigten mathematischen Kenntnisse aktuell und problembezogen zu aktualisieren.

Aber warum habe ich mir überhaupt die Mühe gemacht, diese Aufgaben zu rechnen und auch noch zu veröffentlichen? Im Internet sind doch für alle Aufgaben Lösungen zu finden!?

Nun, erstens stimmt das nicht, und wenn, dann wird häufig der Rechenweg nicht mitgeliefert. Genau darauf kommt es jedoch an. Schließlich sollen die Ergebnisse nicht nur abgeschrieben, sondern auch verstanden werden. Wer die Aufgaben verstehen möchte, sollte sich sein Vorlesungsskript oder wenigstens den „Bronstein" bzw. ein mathematisches Nachschlagewerk zurechtlegen.

Die Aufgabensammlung für das erste Semester musste ich aufgrund des Umfangs und der damit einhergehenden höheren Kosten in zwei Teile aufteilen. Während Teil 1 für Studenten mit Mathe-Leistungskurs eine Auffrischung und Ergänzung ihrer auf dem Gymnasium erworbenen Mathe-Kenntnisse vorfinden, ist der Teil 2 schon deutlich anspruchsvoller und könnte für das Studium eine wertvolle Zeitersparnis darstellen.

Nach jeder längeren Rechnung oder nach Beendigung eines Beweises habe ich ein ■-Zeichen angehängt, um die Übersicht zu erhöhen. Bei komplexen Formeln habe ich bei Multiplikationen explizit das *-Zeichen eingefügt. Die graphische Darstellung hat das Programm „Geo-Gebra" für mich übernommen. Als einzige Literaturstelle möchte ich meinen „Bronstein" erwähnen: Bronstein – Semendjajew: Taschenbuch der Mathematik. Verlag Harri Deutsch.

Das Ziel des ersten Semesters lautet: Übungsaufgaben rechtzeitig abgeben und die Klausuren bestehen! Und genau dafür habe ich dieses Skript zusammengestellt und hoffe, dass es hilft, einige (mathematische) Klippen zu überspringen und das Wunschstudium erfolgreich anzugehen.

Ich habe mich bemüht, das Skript fehlerfrei zu gestalten. Dass wird mir nicht gelungen sein. Daher kann weder vom Verlag noch vom Autor eine juristische Verantwortung sowie Haftung in irgendeiner Form für fehlerhafte Angaben und daraus entstandenen Folgen übernommen werden.

Analog dem großen Vorbild in der IT-Welt (Microsoft) lade ich alle Leser und Nutzer dieser Aufgaben- und Lösungensammlung ein, nach Fehlern zu suchen, einfachere oder kürzere, vielleicht auch nur didaktisch günstigere Lösungen zu finden und mir zu mailen an uwer-frank@querzeit.eu. Alle verwertbaren Zusendungen werden die nächste Auflage bereichern!

Vielen Dank dafür!

Dr. Uwe Sliwczuk, im Juni 2016

Nachsatz: Wer meint, dass dieses Skript zu abgehoben ist, dass die Aufgaben zu rechnen zuviel Zeit verschlingt oder ganz allgemein, dass Jemand, der solche Werke verfasst, einen „Hau" haben muss, sollte sich unbedingt das Buch „Querzeit" des Autoren Uwe R. Frank, ISBN: 978-3-8442-3263-9 bzw. als eBook: ISBN: 978-3-8442-3371-1 anschaffen.

Inhaltsverzeichnis

Blatt 9: Produkt- und Kettenregel

Lösung:

Zu 1a) Herleitung der Produktregel.

$$\text{Es sei } f(x) = u(x) * v(x).$$

$$\text{Dann ist } f'(x) = (u(x) * v(x))' =$$

$$\lim_{\varepsilon \to 0} \frac{u(x + \varepsilon) * v(x + \varepsilon) - u(x) * v(x)}{\varepsilon}$$

Trick: $u(x + \varepsilon) * v(x)$ im Zähler addieren und gleich wieder subtrahieren:

$$f'(x) = \lim_{\varepsilon \to 0} \frac{u(x + \varepsilon) * v(x + \varepsilon) - u(x + \varepsilon) * v(x) - u(x) * v(x) + u(x + \varepsilon) * v(x)}{\varepsilon}$$

$$f'(x) = \lim_{\varepsilon \to 0} \frac{u(x + \varepsilon) * v(x + \varepsilon) - u(x + \varepsilon) * v(x)}{\varepsilon} + \lim_{\varepsilon \to 0} \frac{u(x + \varepsilon) * v(x) - u(x) * v(x)}{\varepsilon}$$

$$f'(x) = \lim_{\varepsilon \to 0} (u(x + \varepsilon)) \frac{v(x + \varepsilon) - v(x)}{\varepsilon} + \lim_{\varepsilon \to 0} v(x) \frac{u(x + \varepsilon) - u(x)}{\varepsilon}$$

$$\boldsymbol{f'(x) = u(x) * v'(x) + u'(x) * v(x)} \blacksquare$$

Zu 1b) Herleitung der Kettenregel.

$$\text{Es sei: } f(x) = \frac{u(x)}{v(x)}$$

Dann ist

$$f'(x) = \left(\frac{u(x)}{v(x)}\right)'$$

$$f'(x) = \lim_{\varepsilon \to 0} \frac{\frac{u(x + \varepsilon)}{v(x + \varepsilon)} - \frac{u(x)}{v(x)}}{\varepsilon} = \lim_{\varepsilon \to 0} \frac{\frac{u(x + \varepsilon) * v(x) - v(x + \varepsilon) * u(x)}{v(x + \varepsilon) * v(x)}}{\varepsilon}$$

Erneute Anwendung des Ausklammertricks:

Addition und Subtraktion von $u(x) * v(x)$:

$$= \lim_{\varepsilon \to 0} \frac{1}{v(x + \varepsilon) * v(x)} * \frac{u(x + \varepsilon) * v(x) - u(x) * v(x) + u(x) * v(x) - v(x + \varepsilon) * u(x)}{\varepsilon}$$

$$= \lim_{\varepsilon \to 0} \frac{1}{v(x + \varepsilon) * v(x)} * \left(v(x) \frac{u(x + \varepsilon) * u(x)}{\varepsilon} - u(x) \frac{v(x + \varepsilon) * v(x)}{\varepsilon} \right)$$

$$f'(x) = \frac{1}{v(x)^2} * \left(v(x) * u'(x) - u(x)v'(x) \right) \blacksquare$$

Aufgabe 3: Berechnen Sie auf den jeweiligen Definitionsbereichen die folgenden Ableitung:

a) $sin'(x)$, b) $cos'(x)$, c) $\frac{d}{dx}e^x$, d) $ln'(x)$, e) $log_a'(x)$, f) $\frac{d}{dx}a^x, a > 0$, g) $\frac{d}{dx}x^\alpha, \alpha \in \mathbb{R}$

h) $\frac{d}{dx}\sqrt{x}$, $x > 0$, i) $arcsin'(x)$, j) $tan'(x)$, k) $arccos'(x)$, l) $sinh'(x)$, m) $cosh'(x)$

n) $tanh'(x)$, o) $coth'(x)$, p) $Arsinh'(x)$, q) $\frac{d}{dx}x^x$,

3a) $sin'(x)$

Lösung:

$$sin(x) = \sum_{j=0}^{\infty}(-1)^j \frac{x^{2j+1}}{(2j + 1)!} = x - \frac{x^3}{3!} + \frac{x^5}{5!} \pm \cdots$$

$$\Rightarrow sin'(x) = \frac{d}{dx}\left(x - \frac{x^3}{3!} + \frac{x^5}{5!} \pm \cdots \right) = 1 - 3\frac{x^2}{3!} + 5\frac{x^4}{5!} \pm \cdots = cos(x) \blacksquare$$

3b) $cos'(x)$

Lösung:

$$\cos(x) = \sum_{j=0}^{\infty} (-1)^j \frac{x^{2j}}{(2j)!} = 1 - \frac{x^2}{2!} + \frac{x^4}{4!} \pm \cdots$$

$$\Rightarrow \cos'(x) = \frac{d}{dx}\left(1 - \frac{x^2}{2!} + \frac{x^4}{4!} \pm \cdots\right) = -x + \frac{x^3}{3!} - \frac{x^5}{5!} \pm \cdots = -\sin(x) \blacksquare$$

3c) $\frac{d}{dx} e^x$

Lösung:

$$e^x = \sum_{j=0}^{\infty} \frac{x^j}{j!} = 1 + x + \frac{x^2}{2!} + \frac{x^3}{3!} + \frac{x^4}{4!} \pm \cdots$$

$$\Rightarrow \frac{d}{dx} e^x = \frac{d}{dx} \sum_{j=0}^{\infty} \frac{x^j}{j!} = \frac{d}{dx}\left(1 + x + \frac{x^2}{2!} + \frac{x^3}{3!} + \frac{x^4}{4!} \pm \cdots\right) = 1 + x + \frac{x^2}{2!} + \frac{x^3}{3!} + \cdots = e^x$$

3d) $\ln'(x)$

Lösung: Logarithmische Ableitung

$$\frac{d}{dx}(\ln(f)) = \frac{f'}{f} \text{ folgt:}$$

$$\frac{d}{dx}(\ln(x)) = \frac{x'}{x} = \frac{1}{x} \blacksquare$$

3e) $\log_a'(x)$

Lösung:

$$\log_a'(x) = \frac{1}{x}\frac{1}{\ln(a)} = \frac{1}{x\ln(a)} \blacksquare$$

3f) $\frac{d}{dx}a^x, a > 0$

Lösung: Inverse Funktion

Die inverse Funktion von a^x ist: $x = \varphi(y) = log_a(y)$

$$\Rightarrow \varphi'(x) = \frac{1}{y}\frac{1}{\ln(a)} \Rightarrow y' = \frac{1}{\varphi'(x)} = yln(a) \Rightarrow$$

$$\frac{d}{dx}a^x = (a^x)' = a^x\ln(a)\blacksquare$$

3g) $\frac{d}{dx}x^\alpha, \alpha \in \mathbb{R}$

Lösung: Produktregel

$$\frac{d}{dx}x^\alpha = \frac{d}{dx}x * x^{\alpha-1} = x' * x^{\alpha-1} + x * (x^{\alpha-1})' = x^{\alpha-1} + x * (x * x^{\alpha-2})'$$

$$= x^{\alpha-1} + x * (x' * x^{\alpha-2} + x * (x^{\alpha-2})') = x^{\alpha-1} + x^{\alpha-1} + x^2 * (x^{\alpha-2})'$$

$$= 2x^{\alpha-1} + x^2 * (x^{\alpha-2})' = 2x^{\alpha-1} + x^2 * (x * x^{\alpha-3})'$$

$$= 3x^{\alpha-1} + x^3 * (x^{\alpha-3})' \dots = \alpha * x^{\alpha-1}\blacksquare$$

3h) $\frac{d}{dx}\sqrt{x}, \ x > 0$

Lösung:

$$\frac{d}{dx}\sqrt{x} = \frac{d}{dx}x^{\frac{1}{2}} = \frac{1}{2}x^{-\frac{1}{2}} = \frac{1}{2\sqrt{x}}\blacksquare$$

3i) $arcsin'(x)$

Lösung:

Der $arcsin(x)$ ist die inverse Funktion von $x = \sin(y)$.

$$\Rightarrow f'(x) = \frac{1}{f^{-1}(y)} = \frac{1}{\cos(y)} = \frac{1}{\sqrt{1 - \sin^2(y)}} = \frac{1}{\sqrt{1 - x^2}} \blacksquare$$

3j) $tan'(x)$

Lösung:

$$tan'(x) = \frac{\sin(x)}{\cos(x)} = \frac{(sin'(x)\cos(x) - cos'(x)\sin(x)}{\cos^2(x)} = \frac{\cos^2(x) + \sin^2(x)}{\cos^2(x)} = \frac{1}{\cos^2(x)} \blacksquare$$

3k) $arccos'(x)$

Lösung:

Der $arccos(x)$ ist die inverse Funktion von $x = \cos(y)$.

$$\Rightarrow f'(x) = \frac{1}{f^{-1}(y)} = -\frac{1}{\sin(y)} = -\frac{1}{\sqrt{1 - \cos^2(y)}} = -\frac{1}{\sqrt{1 - x^2}} \blacksquare$$

3l) $sinh'(x)$

Lösung:

$$sinh'(x) = \left(\frac{\sin(ix)}{i}\right) = \frac{1}{i} * i * \cos(ix) = \cosh(x) \blacksquare$$

3m) $cosh'(x)$

Lösung:

$$cosh'(x) = (\cos(ix)) = i(-\sin(ix)) = -i\sin(ix) = \frac{1}{i}\sin(ix) = \sinh(x)\blacksquare$$

3n) $tanh'(x)$

Lösung:

$$tanh'(x) = \left(\frac{\sinh(x)}{\cosh(x)}\right)' = \frac{sinh'(x)\cosh(x) - cosh'(x)\sinh(x)}{(\cosh(x))^2} = \frac{cosh^2(x) - sinh^2(x)}{cosh^2(x)}$$

$$tanh'(x) = \frac{1}{cosh^2(x)}\blacksquare$$

3o) $coth'(x)$

Lösung:

$$coth'(x) = \left(\frac{\cosh(x)}{\sinh(x)}\right)' = \frac{cosh'(x)\sinh(x) - sinh'(x)\cosh(x)}{(\sinh(x))^2} = \frac{sinh^2(x) - cosh^2(x)}{sinh^2(x)}$$

$$coth'(x) = -\frac{cosh^2(x) - sinh^2(x)}{sinh^2(x)} = -\frac{1}{sinh^2(x)}\blacksquare$$

3p) $Arsinh'(x)$

Lösung:

Der $Arsinh'(x)$ ist die inverse Funktion zu $x = sinh'(y)$.

$$\Rightarrow f'(x) = \frac{1}{f^{-1}(y)} = \frac{1}{\cosh(y)} = \frac{1}{\sqrt{1 + sinh^2(y)}} = \frac{1}{\sqrt{1 + x^2}}\blacksquare$$

3q) $\frac{d}{dx}x^x$

Lösung:

Nebenrechnung: $ln(x^x) = x ln(x) \Rightarrow \dfrac{d}{dx}(\ln(x)) = lnx + \dfrac{x}{x} = \ln(x) + 1.$

Daher gilt: $(\ln(f))' = \dfrac{f'}{f} \Rightarrow f' = f * \ln(f).$

x^x eingesetzt folgt: $(x^x)' = x^x(\ln(x+1))$ ∎

Aufgabe 4: Berechnen Sie auf den jeweiligen Definitionsbereichen die folgenden Ableitungen:

a) $\dfrac{d}{dx}\big(x sin(x)\big)$, b) $\dfrac{d}{dx}(x^2 cos(x) x sin(x))$, c) $\dfrac{d}{dx}(sin(x^2))$, d) $\dfrac{d}{dx}(x^2 sin(x^2))$

e) $\dfrac{d}{dx}(tan^2(x)$, f) $\dfrac{d}{dx}\big(sin(e^{ln^2(x)})\big)$, g) $\dfrac{d}{dx}\big(ln^2(sin^2(x))\big)$

4a) $\dfrac{d}{dx}(x sin(x))$

Lösung:

$$\dfrac{d}{dx}\big(x sin(x)\big) = x' sin(x) + x sin'(x) = sin(x) + cos(x)\ \blacksquare$$

4b) $\dfrac{d}{dx}(x^2 cos(x) x sin(x))$

Lösung:

$$\dfrac{d}{dx}(x^2 cos(x) x sin(x)))$$

$$= \dfrac{d}{dx}(x^2 cos(x)) * x sin(x) + \dfrac{d}{dx}(x sin(x)) * x^2 cos(x)$$

12

$$= \frac{d}{dx}(x^2)cos(x)) + \frac{d}{dx}(cos(x)) * x^2) * xsin(x) + (sin(x) + xcos(x)) * x^2cos(x))$$

$$= (2xcos(x) - x^2sin(x)) * xsin(x) + (sin(x)x^2cos(x) + x^3cos^2(x))$$

$$= (2x^2cos(x)sin(x) - x^3sin^2(x)) + (x^2 sin(x)cos(x) + x^3cos^2(x))$$

$$= 3x^2cos(x)sin(x) + x^3(cos^2(x) - sin^2(x)) \blacksquare$$

4c) $\frac{d}{dx}(sin(x^2))$

Lösung: Mit der Regel: $\frac{d}{dx}f(g(x)) = f'(g'(x))$ folgt sofort:

$$\frac{d}{dx}(sin(x^2)) = 2xcos(x^2)\blacksquare$$

4d) $\frac{d}{dx}(x^2sin(x^2))$

Lösung: Anwendung der obigen Regel und der Produktregel:

$$\frac{d}{dx}(x^2sin(x^2)) = \frac{d}{dx}(x^2) * sin(x^2) + x^2 * \frac{d}{dx}(sin(x^2))$$

$$= 2xsin(x^2) + x^2(2xcos(x^2)) = 2x(sin(x^2) + x^2cos(x^2))\blacksquare$$

4e) $\frac{d}{dx}(tan^2(x))$

Lösung: Anwendung der Quotientenregel:

$$\frac{d}{dx}(tan^2(x)) = \frac{d}{dx}\left(\frac{sin^2(x)}{cos^2(x)}\right) = \frac{sin^2(x)'cos^2(x) - cos^2(x)'sin^2(x)}{cos^4(x)}$$

$$= \frac{(cos(x) sin(x) + sin(x) cos(x))cos^2(x) - (-sin(x) cos(x) - cos(x) sin(x))sin^2(x)}{cos^4(x)}$$

$$= \frac{2cos^3(x)\sin(x) + 2sin^3(x)\cos(x)}{cos^4(x)} = 2\frac{cos^2(x)\sin(x) + 2sin^3(x)}{cos^3(x)}$$

$$= 2\left(\frac{cos^2(x)\sin(x)}{cos^3(x)} + \frac{sin^3(x)}{cos^3(x)}\right) = 2(\tan(x) + \tan^3(x))\blacksquare$$

Alternativ:

$$\frac{d}{dx}\left(tan^2(x)\right) = \frac{d}{dx}\left(tan(x) * \tan(x)\right) = 2tan'(x)\tan(x) = 2\frac{\tan(x)}{cos^2(x)}\blacksquare$$

4f) $\dfrac{d}{dx}\left(sin\left(e^{ln^2(x)}\right)\right)$

Lösung:

setze $e^{ln^2(x)} = g(x)$ **und** $z = ln^2(x)$

$$\Rightarrow \frac{d}{dx}\left(sin\left(e^{ln^2(x)}\right)\right) = \frac{d}{dx}\left(sin(g(x))\right) = \frac{d}{dx}\left(sin(g(x))\right) * \frac{d}{dx}\left(e^{ln^2(x)}\right)$$

$$= cos\left(e^{ln^2(x)}\right) * \frac{d}{dx}(e^z) * \frac{d}{dx}(ln^2(x))$$

Mit: $z = ln^2(x) = \ln(x) * \ln(x)$ und $z' = \frac{2}{x}\ln(x)$ folgt:

$$\frac{d}{dx}\left(sin\left(e^{ln^2(x)}\right)\right) = cos\left(e^{ln^2(x)}\right) * e^{ln^2(x)} * \frac{2}{x}\ln(x)\blacksquare$$

4g) $\dfrac{d}{dx}\left(ln^2(sin^2(x))\right)$

Lösung:

Setze g(x)= $\ln(sin^2(x)$

$$\frac{d}{dx}\left(ln^2(sin^2(x))\right) = \frac{d}{dx}\left(ln(sin^2(x)) * ln(sin^2(x))\right) = 2ln(sin^2(x))' * \ln\left(sin^2(x)\right)$$

Nebenrechnung:

Mit $\frac{d}{dx}(\ln(x)) = \frac{1}{x}$ und $(sin^2(x))' = (\sin(x) * \sin(x))' = 2\sin(x)\cos(x)$

folgt:

$$\frac{d}{dx}\left(ln(sin^2(x))\right) = \frac{1}{sin^2(x)} * \frac{d}{dx}\left(sin^2(x)\right) = \frac{1}{sin^2(x)} * 2\sin(x)\cos(x) = 2\frac{\cos(x)}{\sin(x)}$$

$= 2cotan(x).$

$$\Rightarrow \frac{d}{dx}\left(ln^2(sin^2(x))\right) = 4cotan(x) * \ln(sin^2(x)) \blacksquare$$

Blatt 10: Integralrechnung

Aufgabe 1: Ermitteln Sie die Stammfunktionen der folgenden Integrale mit Hilfe der im letzten Kapitel vorgestellten Ableitungen. Die unbestimmte Integrationskonstante wird der Einfachheit halber weggelassen.

$$a)\int \frac{1}{x}\,dx,\ b)\int x^\alpha\,dx,\ c)\int a^x\,dx,\ d)\int \cos(x)\,dx,\ e)\int \sin(x)\,dx,$$

$$f)\int \cosh(x)\,dx,\ g)\int \sinh(x)\,dx,\ h)\int \frac{1}{1+x^2}\,dx,\ i)\int \frac{1}{\sqrt{1-x^2}}\,dx,\ j)\int \frac{1}{1-x^2}\,dx,$$

$$k)\int \frac{1}{\sqrt{1+x^2}}\,dx,\ l)\int \frac{1}{\sqrt{x^2-1}}\,dx$$

Lösung:

Aus dem letzten Kapitel lassen sich viele Lösungen direkt angeben. Zur Vereinfachung wird bei der Angabe der Lösung die Integrationskonstante C weggelassen:

1a) $\int \frac{1}{x}\,dx = \ln(|x|)$

1b) $\int x^\alpha\,dx = \frac{1}{\alpha+1}x^{\alpha+1}$ (Potenzregel)

1c) $\int a^x\,dx = \int \frac{(a^x)'}{\ln(a)}\,dx = \frac{1}{\ln(a)}a^x$

1d) $\int \cos(x)\,dx = \sin(x)$

1e) $\int \sin(x)\,dx = -\cos(x)$

1f) $\int \cosh(x)\,dx = \sinh(x)$

1g) $\int \sinh(x)\,dx = \cosh(x)$

1h) $\int \dfrac{1}{1+x^2}\,dx = \arctan(x)$

1i) $\int \dfrac{1}{\sqrt{1-x^2}}\,dx = \arcsin(x)$

1j) $\int \dfrac{1}{1-x^2}\,dx = \operatorname{arctanh}(x)$

Alternative Lösung: Partialbruchzerlegung, Bestimmung der Koeffizienten

$A\left(=\tfrac{1}{2}\right)$ und $B\left(=-\tfrac{1}{2}\right)$ und lösen der Integrale:

$$\int \frac{dx}{x+1} = \ln(x+1 \quad und \quad \int \frac{dx}{x-1} = \ln(x-1)$$

Das Ergebnis wird zusammengefasst und ergibt:

$$\int \frac{1}{1-x^2}\,dx = \frac{1}{2}\ln\left(\frac{x+1}{x-1}\right), mit\ x > 1$$

1k) $\int \dfrac{1}{\sqrt{1+x^2}}\,dx = \operatorname{arcsinh}(x)$

1l) $\int \dfrac{1}{\sqrt{x^2-1}}\,dx = \ln\left(x+\sqrt{x^2-1}\right)$

Aufgabe 2: Die Stammfunktionen der folgenden Integrale sind mittels partieller Integration ($\int f(x)g'(x)dx = f(x)g(x) - \int f'(x)g(x)dx$) zu finden:.

a) $\int x\sin(x)dx$, **b)** $\int xe^x\,dx$, **c)** $\int x\sinh(x)dx$, **d)** $\int x^2\sin(x)\,dx$, **e)** $\int x^2e^x dx$,

f) $\int \sin(x)\cos(x)\,dx$, **g)** $\int \sin(\alpha x)\cos(\beta x)\,dx$, $(\alpha, \beta \in \mathbb{R})$, **h)** $\int \ln(x)\,dx$, **i)** $\int \sin^2(x)dx$,

j) $\int \cos^2(x)dx$, **k)** $\int \ln^2(x)dx$, **l)** $\int e^x\sin(x)\,dx$.

Lösung:

2a) Sei $f(x) = x; g(x) = sin(x) \Rightarrow$

$$\int x\sin(x)dx = x*(-\cos(x)) - \int -\cos(x)\,dx + C = -x\cos(x) + \int \cos(x)\,dx + C$$

$$\int x\sin(x)dx = -x\cos(x) + \sin(x) + C$$

2b) Sei $f(x) = x; g(x) = e^x \Rightarrow$

$$\int xe^x dx = xe^x - \int e^x dx + c = xe^x - e^x + C \Leftrightarrow e^x(x-1) + C.$$

2c) Sei $f(x) = x; g(x) = sinh(x) \Rightarrow$

$$\int x\sinh(x)dx = x\cosh(x) - \int \cosh(x)dx + C = x\cosh(x) - \sinh(x) + C.$$

2d) Sei $f(x) = x^2; g(x) = sin(x) \Rightarrow$

$$\int x^2\sin(x)\,dx = x^2(-\cos(x)) - \int 2x(-\cos(x))dx + C$$

$$= -x^2\cos(x) + 2\int x\cos(x)\,dx + C = -x^2\cos(x) + 2(x\sin(x) - \int \sin(x)\,dx) + C$$

$$= -x^2\cos(x) + 2x\sin(x) + 2\cos(x) + C$$

2e) Sei $f(x) = x^2; g(x) = e^x \Rightarrow$

$$\int x^2 e^x dx = x^2 e^x - \int 2x e^x dx + C = x^2 e^x - 2(x e^x - \int e^x dx) + C$$

$$= x^2 e^x - 2x e^x + 2e^x + C$$

2f) Sei $f(x) = \sin(x); g(x) = \cos(x) \Rightarrow$

$$\int \sin(x)\cos(x)\,dx = \sin(x)\sin(x) - \int \cos(x)\sin(x)\,dx + C$$

$$\Rightarrow 2\int \sin(x)\cos(x)\,dx = \sin^2(x) + C \text{ bzw.:}$$

$$\int \sin(x)\cos(x)\,dx = \frac{1}{2}\sin^2(x) + C$$

2g) Sei $f(x) = \sin(\alpha x); g(x) = \cos(\beta x) \Rightarrow$

$$\int \sin(\alpha x)\cos(\beta x)\,dx = \sin(\alpha x)\frac{1}{\beta}\sin(\beta x) - \int \alpha\cos(\alpha x)\frac{1}{\beta}\sin(\beta x)\,dx + C$$

$$= \frac{1}{\beta}\sin(\alpha x)\sin(\beta x) - \frac{\alpha}{\beta}\int \cos(\alpha x)\sin(\beta x)\,dx + C$$

$$= \frac{1}{\beta}\sin(\alpha x)\sin(\beta x) - \frac{\alpha}{\beta}(\cos(\alpha x)(-\frac{\cos(\beta x)}{\beta}) - \int(-\alpha\sin(\alpha x))(-\frac{\cos(\beta x)}{\beta}\,dx) + C$$

$$= \frac{1}{\beta}\sin(\alpha x)\sin(\beta x) + \frac{\alpha}{\beta^2}\cos(\alpha x)\cos(\beta x) - \frac{\alpha}{\beta}\int \sin(\alpha x)\cos(\beta x)\,dx) + C$$

Das letzte Integral ist wieder identisch dem Ausgangsintegral, so dass

$$\int \sin(\alpha x)\cos(\beta x)\,dx + \frac{\alpha}{\beta}\int \sin(\alpha x)\cos(\beta x)\,dx) = \left(1 + \frac{\alpha}{\beta}\right)[\int \sin(\alpha x)\cos(\beta x)\,dx]$$

$$= \frac{1}{\beta}\sin(\alpha x)\sin(\beta x) + \frac{\alpha}{\beta^2}\cos(\alpha x)\cos(\beta x) + C$$

$$\Rightarrow \int \sin(\alpha x)\cos(\beta x)\,dx = \frac{1}{1+\frac{\alpha}{\beta}}[\frac{1}{\beta}\sin(\alpha x)\sin(\beta x) + \frac{\alpha}{\beta^2}\cos(\alpha x)\cos(\beta x)] + C$$

Anmerkung: Es existiert eine weitere Lösung für $f(x) = \cos(\beta x); g(x) = \sin(\alpha x)$

$$\Rightarrow \int \sin(\alpha x)\cos(\beta x)\,dx = \frac{1}{1-\frac{\alpha}{\beta}}[-\frac{1}{\alpha}\cos(\alpha x)\cos(\beta x) - \frac{\beta}{\alpha^2}\sin(\alpha x)\sin(\beta x)] + C, \alpha \neq \beta$$

2h) Zu lösen: $\int \ln(x)\,dx$

Trick: Sei $f(x) = 1; g(x) = \ln(x) \Rightarrow$

$$\int \ln(x)\,dx = \int 1\ln(x)\,dx = x\ln(x) - \int x\frac{1}{x}dx + C = x\ln(x) - x + C$$

2i) Zu lösen: $\int \sin^2(x)dx$

Trick: $\sin^2(x) = 1 - \cos^2(x) \Rightarrow$

$$\int \sin^2(x)dx = \int 1 - \cos^2(x)dx = x - \int \cos^2(x)dx$$

Sei $f(x) = \cos(x); g(x) = \cos(x)$:

$\int \sin^2(x)dx = x - \int \cos^2(x)dx = x - (\cos(x)\sin(x) - \int(-\sin(x)\sin(x)\,dx)$+C

$\int \sin^2(x)dx = x - \cos(x)\sin(x) - \int \sin^2(x)dx$+C.

$$\Rightarrow 2\int \sin^2(x)dx = x - \cos(x)\sin(x) \Leftrightarrow$$

$$\int \sin^2(x)dx = \frac{1}{2}(x - \cos(x)\sin(x)) \Leftrightarrow \frac{1}{2}x - \frac{1}{4}\sin(2x) + C$$

Anmerkung: Der Trick ist notwendig, weil die Annahme: $f(x) = \sin(x); g(x) = \sin(x)$

nur die triviale Lösung liefert: $(0 = \cdots)$

2j) Zu lösen: $\int \cos^2(x)dx$

Trick: $\sin^2(x) = 1 - \cos^2(x) \Rightarrow$

$$\int \cos^2(x)dx = \int 1 - \sin^2(x)dx = x - \int \sin^2(x)dx + C$$

Mit Aufgabe 2i) folgt:

$$\int \cos^2(x)dx = x - \int \sin^2(x)dx = x - \frac{1}{2}x + \frac{1}{4}\sin(2x) = \frac{1}{2}x + \frac{1}{4}\sin(2x) + C$$

2k) Zu lösen: $\int \ln^2(x)dx$

$$\int \ln^2(x)dx = \int \ln(x) * \ln(x) \, dx = \ln(x) * x\ln(x) - \int \frac{1}{x}(x\ln(x) - x)dx$$

$$= x(\ln(x))^2 - x\ln(x) - \int \ln(x)dx + \int dx + C$$

$$= x(\ln(x))^2 - x\ln(x) - (x\ln(x) - x) + x + C$$

$$= x(\ln(x))^2 - 2x\ln(x) + 2x + C$$

2l) zu lösen: $\int e^x \sin(x) \, dx$

$$\int e^x \sin(x) \, dx = -e^x \cos(x) - \int e^x (-\cos(x)) \, dx + C$$

$$= -e^x \cos(x) + e^x \sin(x) - \int e^x \sin(x)) \, dx + C$$

$$2 \int e^x \sin(x)) \, dx = -e^x \cos(x) + e^x \sin(x) + C$$

$$\int e^x \sin(x)) \, dx = \frac{e^x}{2}(\sin(x) - \cos(x)) + C$$

Aufgabe 3: Verwenden Sie die Substitutionsregel:

$$\int f(x)dx = \int f(g(t))g'(t)dt + C, x = g(t), \ dx = g'(t)dt$$

zur Ermittlung folgender Stammfunktionen:

a) $\int x\sin(x^2)dx$, **b)** $\int xe^{x^2}dx$, **c)** $\int \frac{x}{1+x}dx$, **d)** $\int \arctan(x) \, dx$, **e)** $\int \arcsin(x) \, dx$,

f) $\int \arccos(x) \, dx$, **g)** $\int \cos(x)\sin(x) \, dx$, **h)** $\int x\ln(x^2) \, dx$,

i) $\int \frac{x^4}{1+x^5}dx$, **j)** $\int \tan(x) \, dx$, **k)** $\int \tanh(x) \, dx$.

3a) Zu lösen: $\int x\sin(x^2)dx$

Setze:

$$t = x^2 \Rightarrow x = \sqrt{t} \text{ und } \Rightarrow \frac{dt}{dx} = 2x \Leftrightarrow dx = \frac{dt}{2\sqrt{t}}$$

$$\Rightarrow \int x\sin(x^2)\,dx = \int \sqrt{t}\sin(t)\frac{dt}{2\sqrt{t}} = \frac{1}{2}\int \sin(t)\,dt = -\frac{1}{2}\cos(t) + C$$

$$\int x\sin(x^2)\,dx = -\frac{1}{2}\cos(x^2) + C$$

3b) Zu lösen:

$$\int xe^{x^2}\,dx$$

Setze:

$$t = x^2 \Rightarrow x = \sqrt{t} \text{ und } \Rightarrow \frac{dt}{dx} = 2x \Leftrightarrow dx = \frac{dt}{2\sqrt{t}}$$

$$\Rightarrow \int xe^{x^2}\,dx = \int \sqrt{t}\,e^t\frac{dt}{2\sqrt{t}} = \frac{1}{2}\int e^t\,dt = \frac{1}{2}e^t + C = \frac{1}{2}e^{x^2} + C$$

3c) Zu lösen:

$$\int \frac{x}{1+x^2}\,dx$$

Setze:

$$x = \sinh(t) \Rightarrow t = \text{arcsinh}(t) \text{ und } \Rightarrow \frac{dt}{dx} = \frac{1}{1+x} \Leftrightarrow dx = \sqrt{1+x^2}\,dt;$$

$$\cosh^2(t) - \sinh^2(t) = 1.$$

$$\frac{d}{dx}\left(x^2\sin(x^2)\right) = \frac{d}{dx}(x^2) * \sin(x^2) + x^2 * \frac{d}{dx}\left(\sin(x^2)\right)$$

$$= 2x\sin(x^2) + x^2\left(2x\cos(x^2)\right) = 2x(\sin(x^2) + x^2\cos(x^2))\,\blacksquare$$

$$= \int \frac{\sinh(t)}{\cosh(t)}\,dt = \int \tanh(t)\,dt = \ln(\cosh(t)) + C = \ln(1 + \sinh^2(t))^{\frac{1}{2}} + C$$

$$\int \frac{x}{1+x^2}\,dx = \frac{1}{2}(\ln(1+x^2) + C$$

3d) Zu lösen:

$$\int \arctan(x)\,dx$$

Setze:

$$x = \tan(t) \Rightarrow t = \arctan(x) \text{ und } \Rightarrow \frac{dt}{dx} = \frac{1}{1+x^2} = \frac{1}{1+\tan^2(t)} \Leftrightarrow dx = (1 + \tan^2(t)dt;$$

$$\Rightarrow \int \arctan(x)\,dx = \int t(1 + \tan^2(t)dt = \int t\,dt + \int \tan^2(t)dt$$

$$= \frac{1}{2}t^2 + \int t * \tan^2(t)dt + C$$

Nebenrechnung: Partielle Integration.

$$\int t * \tan^2(t)dt = t \int \tan^2(t)dt - \int (\int \tan^2(t)dt)dt$$

Bereits berechnet wurde: $\int \tan^2(t)dt = \tan(t) - t$

$$\int t * \tan^2(t)dt = t(\tan(t) - t) - \int (\tan(t) - t)dt + C$$

$$= t * \tan(t) - t^2 - \int (\tan(t)dt + \frac{1}{2}t^2 + C$$

Erneute Nebenrechnung:

$$\int (\tan(t)dt = -\ln(\cos(t) + C$$

$$\Rightarrow \int t(1 + \tan^2(t)dt = \frac{1}{2}t^2 + t\tan(t) - t^2 + \ln(\cos(t) + \frac{1}{2}t^2 + C$$

$$\int t(1 + \tan^2(t)dt = t\tan(t) + \ln(\cos(t) + C.$$

Und endgültig:

$$\int \arctan(x)\,dx = x\arctan(x) + \ln(\cos(\arctan(x))) + C$$

3e) Zu lösen:

$$\int \arcsin(x)\,dx$$

Setze:

$$x = \sin(t) \Rightarrow t = \arcsin(x) \text{ und}$$

$$\frac{dt}{dx} = \frac{1}{\sqrt{1-x^2}} = \frac{1}{\sqrt{1-\sin^2(t)}} = \frac{1}{\cos(t)} \Leftrightarrow dx = \cos(t)dt$$

$$\int \arcsin(x)\, dx = \int t\cos(t)dt = t\sin(t) - \int \sin(t)\, dt + C$$

$$= t\sin(t) + \cos(t) + C$$

$$\Rightarrow \int \arcsin(x)\, dx = x\arcsin(x) + \cos(\arcsin(x)) + C$$

3f) Zu lösen:

$$\int \arcsin(x)\, dx$$

Setze:

$$x = \cos(t) \Rightarrow t = \arccos(x) \text{ und}$$

$$\frac{dt}{dx} = -\frac{1}{\sqrt{1-x^2}} = -\frac{1}{\sqrt{1-\cos^2(t)}} = -\frac{1}{\sin(t)} \Leftrightarrow dx = -\sin(t)dt$$

$$\int \arccos(x)\, dx = -\int t\sin(t)dt = -(t(-\cos(t)) - \int (-\cos(t))\, dt + C$$

$$= t\cos(t) - \sin(t) + C$$

$$\Rightarrow \int \arccos(x)\, dx = x\arccos(x) - \sin(\arccos(x)) + C$$

3g) Zu lösen:

$$\int \cos(x)\sin(x)\, dx$$

Setze:

$$t = \sin(x) \Rightarrow$$

$$\Rightarrow \frac{dt}{dx} = \cos(x) \Leftrightarrow dx = \frac{dt}{\cos(x)}$$

$$\int \cos(x)\sin(x)\, dx = \int \frac{\cos(x)\, t}{\cos(x)}dt = \int t\, dt = \frac{1}{2}t^2 + C = \frac{1}{2}\sin^2(x) + C$$

3h) Zu lösen:

$$\int x \ln(x^2)\, dx$$

Setze:

$$x^2 = t \Rightarrow x = \sqrt{t}$$

$$\Rightarrow \frac{dt}{dx} = 2x \Leftrightarrow dx = \frac{dt}{2x} = \frac{dt}{2\sqrt{t}}$$

$$\int x \ln(x^2)\, dx = \int \sqrt{t}\ln(t)\frac{dt}{2\sqrt{t}} = \frac{1}{2}\int \ln(t)\, dt = \frac{1}{2}(t\ln(t) - t) + C$$

$$\int x \ln(x^2)\, dx = \frac{1}{2}(x^2 \ln(x^2) - x^2) + C$$

3i) Zu lösen:

$$\int \frac{x^4}{1 + x^5}\, dx$$

Setze:

$$t = 1 + x^5$$

$$\Rightarrow \frac{dt}{dx} = 5x^4 \Leftrightarrow dx = \frac{dt}{5x^4}$$

$$\int \frac{x^4}{1 + x^5}\, dx = \int \frac{x^4}{t}\frac{dt}{5x^4} = \frac{1}{5}\int \frac{dt}{t} = \frac{1}{5}(\ln(t) + C$$

$$\int \frac{x^4}{1 + x^5}\, dx = \frac{1}{5}(\ln(|1 + x^5|)) + C$$

3j) Zu lösen:

$$\int \tan(x)\, dx$$

Setze:

$$\cos(x) = t$$

$$\Rightarrow \frac{dt}{dx} = -\sin(x) \Leftrightarrow dx = -\frac{dt}{\sin(x)}$$

$$\int \tan(x)\, dx = \int \frac{\sin(x)}{\cos(x)}\, dx = \int \frac{\sin(x)}{t}\frac{(-dt)}{\sin(x)} = -\int \frac{dt}{t} = -\ln(t) + C$$

$$\int \tan(x)\, dx = -\ln(|\cos(x)|) + C$$

3k) Zu lösen:

$$\int \tanh(x)\, dx$$

Setze:

$$\cosh(x) = t$$

$$\Rightarrow \frac{dt}{dx} = \sinh(x) \Leftrightarrow dx = \frac{dt}{\sinh(x)}$$

$$\int \tanh(x)\, dx = \int \frac{\sinh(x)}{\cosh(x)}\, dx = \int \frac{\sinh(x)}{t}\frac{dt}{\sinh(x)} = \int \frac{dt}{t} = \ln(t) + C$$

$$\int \tan h(x)\, dx = \ln(\cosh(x)) + C$$

Blatt 11: Unbestimmte Integrale

Aufgabe 1: Seien $a, b, c \in \mathbb{R}$ mit $a \neq 0$. Dann gilt für alle $x \in \mathbb{R}$:

$$ax^2 + bx + c = a\left(x + \frac{b}{2a}\right) - \frac{b^2}{4a} + c.$$

Führen Sie damit die unbestimmten Integrale

$$\int \frac{1}{ax^2 + bx + c}\,dx, \int \sqrt{ax^2 + bx + c}\,dx \text{ und } \int \frac{1}{\sqrt{ax^2 + bx + c}}\,dx$$

auf folgende Grundintegrale zurück:

$$\int \frac{1}{1 + x^2}\,dx, \int \frac{1}{1 - x^2}\,dx, \int \sqrt{x^2 - 1}\,dx, \int \sqrt{1 - x^2}\,dx, \int \sqrt{1 + x^2}\,dx,$$

$$\int \frac{1}{\sqrt{1 - x^2}}\,dx, \int \frac{1}{\sqrt{1 + x^2}}\,dx, \int \frac{1}{\sqrt{x^2 - 1}}\,dx.$$

Beachten Sie dabei die jeweiligen Definitionsbereiche und unterscheiden Sie folgende Fälle:

1a) $a > 0, c - \dfrac{b^2}{4a} > 0,$ **1b**) $a > 0, c - \dfrac{b^2}{4a} < 0,$ **1c**) $a < 0, c - \dfrac{b^2}{4a} > 0,$

1d) $a < 0, c - \dfrac{b^2}{4a} < 0,$ **1e**) $a \neq 0,$ **1e**) $c - \dfrac{b^2}{4a} = 0.$

Lösung: Das unbestimmte Integral

$$\int \frac{1}{ax^2 + bx + c}\,dx$$

ist auf eines der o.a. Grundintegrale zurückzuführen.

Fall 1a): Mit $a > 0, c - \dfrac{b^2}{4a} > 0$ gilt:

$$ax^2 + bx + c = a\left(x + \frac{b}{2a}\right) - \frac{b^2}{4a} + c = \left(c - \frac{b^2}{4a}\right)\left[\frac{a}{c - \dfrac{b^2}{4a}}\left(x + \frac{b}{2a}\right)^2 + 1\right]$$

Wir definieren:

$$A = c - \frac{b^2}{4a}; B = \frac{a}{c - \dfrac{b^2}{4a}}$$

$$\Rightarrow ax^2 + bx + c = A\left[B\left(x + \frac{b}{2a}\right)^2 + 1\right]$$

27

Setze:

$$y = \sqrt{B}\left(x + \frac{b}{2a}\right) \Rightarrow \frac{dy}{dx} = \sqrt{B} \Leftrightarrow dx = \frac{dy}{\sqrt{B}}$$

$$\Rightarrow \int \frac{1}{ax^2 + bx + c}\, dx = \int \frac{1}{A(y^2+1)}\frac{1}{\sqrt{B}}\, dy = \frac{1}{A\sqrt{B}} \int \frac{1}{y^2+1}\, dy \ \blacksquare$$

Fall 1b): Mit $a > 0, c - \frac{b^2}{4a} < 0$ gilt:

$$ax^2 + bx + c = a\left(x + \frac{b}{2a}\right) - \frac{b^2}{4a} + c = a\left(x + \frac{b}{2a}\right) - \left(\frac{b^2}{4a} - c\right)$$

wobei: $\dfrac{b^2}{4a} - c > 0$

$$\Rightarrow \left(\frac{b^2}{4a} - c\right)\left[\frac{a}{\frac{b^2}{4a} - c}\left(x + \frac{b}{2a}\right)^2 - 1\right]$$

Wir definieren:

$$A' = \frac{b^2}{4a} - c; \ B' = \frac{a}{\frac{b^2}{4a} - c}$$

$$\Rightarrow ax^2 + bx + c = A'\left[B'\left(x + \frac{b}{2a}\right)^2 - 1\right]$$

Setze:

$$y = \sqrt{B'}\left(x + \frac{b}{2a}\right) \Rightarrow \frac{dy}{dx} = \sqrt{B'} \Leftrightarrow dx = \frac{dy}{\sqrt{B'}}$$

$$\Rightarrow \int \frac{1}{ax^2 + bx + c}\, dx = \int \frac{1}{A'(y^2-1)}\frac{1}{\sqrt{B'}}\, dy = \frac{1}{A'\sqrt{B'}} \int \frac{1}{y^2-1}\, dy \ \blacksquare$$

Fall 1c): Mit $a > 0, c - \frac{b^2}{4a} > 0$ gilt: Vorgehensweise wie bei Fall 1a):

$$\int \sqrt{ax^2 + bx + c}\, dx = \int \sqrt{A(y^2+1)}\frac{1}{\sqrt{B}}\, dy = \sqrt{\frac{A}{B}} \int \sqrt{y^2+1}\, dy \ \blacksquare$$

Fall 1d): Mit $a > 0, c - \frac{b^2}{4a} < 0$ gilt: Vorgehensweise wie bei Fall 1b):

$$\int \sqrt{ax^2 + bx + c}\, dx = \int \sqrt{A'(y^2 + 1)}\, \frac{1}{\sqrt{B'}}\, dy = \sqrt{\frac{A'}{B'}} \int \sqrt{y^2 + 1}\, dy \;\blacksquare$$

1d) Mit $a < 0, c - \frac{b^2}{4a} > 0$ gilt:

$$ax^2 + bx + c = a\left(x + \frac{b}{2a}\right) - \frac{b^2}{4a} + c = (c - \frac{b^2}{4a})[\frac{a}{c - \frac{b^2}{4a}}(x + \frac{b}{2a})^2 + 1]$$

Es gilt:

$$\left(c - \frac{b^2}{4a}\right) > 0;\; \frac{a}{c - \frac{b^2}{4a}} < 0 \Rightarrow (c - \frac{b^2}{4a})[-\frac{a}{\frac{b^2}{4a} - c}\left(x + \frac{b}{2a}\right)^2 - 1]$$

Wir definieren:

$$A = c - \frac{b^2}{4a};\; B' = -\frac{a}{\frac{b^2}{4a} - c}$$

$$\Rightarrow ax^2 + bx + c = A[(-1)B'\left(x + \frac{b}{2a}\right)^2 + 1]$$

Definiere: $\sqrt{B'}\left(x + \frac{b}{2a}\right) = y$

$$\Rightarrow ax^2 + bx + c = A(-y^2 + 1) \Leftrightarrow A(1 - y^2)$$

Nebenrechnung:

$$y = \sqrt{B'}\left(x + \frac{b}{2a}\right) \Rightarrow \frac{dy}{dx} = \sqrt{B'} \Leftrightarrow dx = \frac{dy}{\sqrt{B'}}$$

$$\Rightarrow \int \sqrt{ax^2 + bx + c}\, dx = \int \sqrt{A(1 - y^2)}\, \frac{1}{\sqrt{B'}}\, dy = \sqrt{\frac{A}{B'}} \int \sqrt{1 - y^2}\, dy \;\blacksquare$$

1e) Mit $a < 0, c - \frac{b^2}{4a} > 0$ gilt:

$$\int \frac{1}{ax^2 + bx + c}\, dx = \int \frac{1}{\sqrt{A(1 - y^2)}}\, \frac{1}{\sqrt{B'}}\, dy = \frac{1}{\sqrt{AB'}} \int \frac{1}{\sqrt{(1 - y^2)}} \;\blacksquare$$

1f) Mit $a > 0, c - \frac{b^2}{4a} > 0$ **gilt:**

$$\int \frac{1}{ax^2 + bx + c} dx = \int \frac{1}{\sqrt{A(y^2 + 1)}} \frac{1}{\sqrt{B}} dy = \frac{1}{\sqrt{AB}} \int \frac{1}{\sqrt{(1 + y^2)}} \ \blacksquare$$

1g) Mit $a > 0, c - \frac{b^2}{4a} < 0$ **gilt:**

$$\int \frac{1}{ax^2 + bx + c} dx = \int \frac{1}{\sqrt{A'(y^2 - 1)}} \frac{1}{\sqrt{B}} dy = \frac{1}{\sqrt{A'B}} \int \frac{1}{\sqrt{(y^2 - 1)}} \ \blacksquare$$

Aufgabe 2: Partialbruchzerlegung.

Jede rationale Funktion

$$f : x \mapsto f(x) = \frac{b_m x^m + \cdots + b_1 x^1 + b_0}{a_n x^n + \cdots + a_1 x^1 + a_0}$$

Mit $b_0, b_1, \ldots b_m, a_0, \ldots a_n \in \mathbb{R}, b_m \neq 0, a_n \neq 0, 0 \leq m < n$ (echt gebrochen) besitzt eine Zerlegung der Form:

$$f(x) = \frac{c_{11}}{x - \lambda_1} + \frac{c_{12}}{(x - \lambda_1)^2} + \cdots + \frac{c_{1\alpha_1}}{(x - \lambda_1)^{\alpha_1}} +$$

$$+ \frac{c_{21}}{x - \lambda_2} + \frac{c_{22}}{(x - \lambda_1)^2} + \cdots + \frac{c_{2\alpha_2}}{(x - \lambda_1)^{\alpha_2}} +$$

$$\vdots$$

$$+ \frac{c_{r1}}{x - \lambda_r} + \frac{c_{r2}}{(x - \lambda_r)^2} + \cdots + \frac{c_{r\alpha_2}}{(x - \lambda_r)^{\alpha_r}}.$$

Dabei ist

$a_n x^n + \cdots + a_1 x^1 + a_0 = a_n (x - \lambda_1)^{\alpha_1} \ldots (x - \lambda_r)^{\alpha_r}$ die Produktdarstellung des Nennerpolynoms mit den paarweise verschiedenen Nullstellen $\lambda_1, \lambda_2, \ldots, \lambda_r \in \mathbb{C}$.

Seien $a, b \in \mathbb{C}$. **Zeigen Sie, dass gilt:**

a) $\int \frac{1}{(x - b)^v} dx = \frac{a(x - b)^{1-v}}{1 - v} + C$ für $v = 2, 3, \ldots$

b) $\int \frac{a}{x - b} dx = a(\ln|x - b| + iArg(x - b)) + C$

30

2a) Zu zeigen:

$$\int \frac{1}{(x-b)^v} dx = \frac{a(x-b)^{1-v}}{1-v} + C \text{ für } v = 2,3,\dots$$

Lösung:

Substituiere

$$x - b = t \Rightarrow \frac{dt}{dx} = 1 \Leftrightarrow dx = dt$$

$$\Rightarrow \int \frac{1}{(x-b)^v} dx = \int \frac{1}{t^v} dt = \frac{a}{1-v} t^{1-v} + C = \frac{a}{1-v}(x-b)^{1-v} + C$$

Beweis durch Differentiation:

$$\frac{d}{dt}\left(\frac{a}{1-v} t^{1-v}\right) = \frac{a}{1-v}\frac{d}{dt}(t^{1-v}) = \frac{a}{1-v} 1 - vt^{1-v+1} = at^{-v} = \frac{a}{t^v} = \frac{a}{(x-b)^v} \ \blacksquare$$

2b) Zu zeigen:

$$\int \frac{a}{x-b} dx = a(\ln|x-b| + iArg(x-b)) + C$$

Lösung:

Substituiere:

$$x - b = t \Rightarrow \frac{dt}{dx} = 1 \Leftrightarrow dx = dt, \qquad t \in \mathbb{C}$$

$$\Rightarrow \int \frac{a}{x-b} dx = \int \frac{a}{t} dt = aln(t) + C = aln(x-b) + C.$$

Weil *t* komplex, lässt *t* sich schreiben als:

$$t = |t|e^{i\varphi} = |t|e^{i(\varphi_0 + k\pi)}$$

$$\Rightarrow aln(t) = aln\left(|t|e^{i((\varphi_0 + k\pi))}\right) = aln|t| + aln(e^{i(\varphi_0 + k\pi)})$$

wobei: $(\varphi_0 + k\pi) = $ „**Arg**"

$$\Rightarrow a\ln(t) = a\big(\ln|t| + iArg(t)\big) = a\big(\ln(|x-b|) + iArg(x-b)\big) + C \blacksquare$$

Aufgabe 3:

Berechnen Sie mit Hilfe der Partialbruchzerlegung folgende Integrale:

a) $\displaystyle\int \frac{x^2 + 2x + 2}{(x-2)^2(x+1)}\,dx$, **b)** $\displaystyle\int \frac{x}{x^2 - 1}\,dx$, **c)** $\displaystyle\int \frac{1}{1+x^2}\,dx$.

Lösung:

3a) Zu lösen durch Partialbruchzerlegung:

$$\int \frac{x^2 + 2x + 2}{(x-2)^2(x+1)}\,dx$$

Lösung:

Die Nullstellen sind aus der Aufgabenstellung sofort ersichtlich:

$$x_{1,2} = 2, x_3 = -1$$

$$\Rightarrow \frac{x^2 + 2x + 2}{(x-2)^2(x+1)} = \frac{A}{x-2} + \frac{B}{(x-2)^2} + \frac{C}{x+1}$$

Hinweis: Ansatz für die Form:

$$\frac{1}{(ax+b)^2} = \frac{A}{x-b} + \frac{B}{(x-b)^2}$$

und

$$\frac{1}{ax+b} = \frac{C}{x-b}$$

$$\Rightarrow x^2 + 2x + 2 = A(x-2)(x+1) + B(x+1) + C(x-2)^2$$

$$= A(x^2 + x - 2x - 2) + Bx + B + C(x^2 - 4x + 4)$$

$$= Ax^2 - Ax - 2A + Bx + B + Cx^2 - 4C + 4C$$

$$= x^2(A + C) + x(-A + B - 4c) + (-2A + B + 4C).$$

32

Sortieren nach Exponenten von x ergibt das zu lösende Gleichungssystem:

$$1 = A + C$$

$$2 = -A + B - 4C$$

$$2 = -2A + B + 4C$$

1. Subtrahiere die 3. Gleichung von der 2. Gleichung:

$$A = 8C.$$

2. Setze das Ergebnis in die erste Gleichung ein:

$$1 = 9C \text{ bzw. } C = \frac{1}{9}.$$

3. Noch einmal in Gleichung 1:

$$1 = A + \frac{1}{9} \; bzw.\, A = \frac{8}{9}.$$

4. Dieses Ergebnis in die 2. Gleichung:

$$2 = -\frac{8}{9} + B - \frac{4}{9} \; bzw\; B = \frac{30}{9}.$$

Damit sind alle Parameter bekannt und die Integrale können berechnet werden

$$\int \frac{x^2 + 2x + 2}{(x-2)^2(x+1)} dx = \frac{8}{9}\int \frac{dx}{x-2} + \frac{30}{9}\int \frac{dx}{(x-2)^2} + \frac{1}{9}\int \frac{dx}{x+1}$$

Lösung der Integrale durch Substitution:

$$\text{Setze: } z = x - 2 \text{ und } g = x + 1$$

$$\Rightarrow \frac{dz}{dx} = 1 \; und \; \frac{dg}{dx} = 1$$

$$\Rightarrow \frac{8}{9}\int \frac{dz}{z} + \frac{30}{9}\int \frac{dz}{z^2} + \frac{1}{9}\int \frac{dg}{g} = \frac{8}{9}\ln(z) + \frac{30}{9}\left(-\frac{1}{z}\right) + \frac{1}{9}\ln(g)$$

$$\int \frac{x^2 + 2x + 2}{(x-2)^2(x+1)} dx = \frac{8}{9}\ln(|x-2|) - \frac{30}{9(x-2)} + \frac{1}{9}\ln(|x+1|) + C\ \blacksquare$$

3b) Zu lösen durch Partialbruchzerlegung:

$$\int \frac{x}{x^2 - 1} dx$$

Die Nullstellen lassen sich wieder direkt aus der Aufgabenstellung entnehmen:

$$x_1 = 1;\ x_2 = -1$$

Partialbruchansatz:

$$\frac{x}{x^2 - 1} = \frac{A}{x+1} + \frac{B}{x-1}$$

Daraus folgt die Gleichung mit zwei unbekannten:

$$x = A(x-1) + B(x+1) = Ax - A + BX + B = x(A+B) + (B-A)$$

Wieder nach Koeffizienten von x sortieren:

$$x^1 : 1 = A + B$$

$$x^0 : 0 = B - A$$

Aus der 2. Gleichung folgt:

$$A = B.$$

Eingesetzt in die erste Gleichung folgt:

$$1 = 2A\ bzw.\ 1 = 2B.$$

$$\Rightarrow A = B = \frac{1}{2}$$

$$\Rightarrow \int \frac{x}{x^2 - 1} dx = \frac{1}{2}\left(\int \frac{1}{x+1} dx + \int \frac{1}{x-1} dx\right) = \frac{1}{2}\left(\ln(|x+1|) + \ln(|x-1|)\right) + C\ \blacksquare$$

3c) Zu lösen durch Partielle Integration:

34

$$\int \frac{1}{1+x^2}\,dx$$

Aus der Aufgabenstellung folgen sofort wieder die Nullstellen: $x_1 = i$; $x_2 = -1$

Partialbruchansatz:

$$\frac{1}{1+x^2} = \frac{A}{x+i} + \frac{B}{x-i}$$

und die Gleichung:

$$1 = A(x-1) + B(x+1)$$

$$1 = Ax - iA + Bx + iB = x(A+B) + i(B-A)$$

Nach Koeffizienten von x sortieren:

$$x^1: 0 = A + B$$

$$x^0: 1 = iB - iA$$

Aus der 1. Gleichung folgt:

$$A = -B$$

Eingesetzt in die zweite Gleichung folgt:

$$1 = iB - iA = i(B-A) \Leftrightarrow \frac{1}{i} = B - A.$$

Da $\frac{1}{i} = -i \Rightarrow -i = B - A \Rightarrow A = i + B = -A \Rightarrow$

$$A = \frac{i}{2} \text{ und } B = -\frac{i}{2}.$$

$$\Rightarrow \int \frac{1}{1+x^2}\,dx = \frac{i}{2}\left(\int \frac{1}{x+i}\,dx + \int \frac{1}{x-i}\,dx\right) = \frac{i}{2}\left(\ln(|x+i|) + \ln(|x-i|)\right) + C$$

bzw.

$$\int \frac{1}{1+x^2}\,dx = \arctan(x)\blacksquare$$

Blatt 12: Taylor-Reihen

Sei $I \subseteq \mathbb{R}$ ein Intervall, $n \in \mathbb{N}$ *und sei f eine* $(n+1) - mal$ *auf I* stetig differenzierbare Funktion. Dann gilt für alle $x, x_0 \in I$ die Formel von Taylor

$$f(x) = f(x_0) + f'(x_0)(x - x_0) + \cdots + f^n(x_0)\frac{(x-x_0)^n}{n!} + R_n(x)$$

mit

$$R_n(x) = \int_{x_0}^{x} \frac{(x-t)^n}{n!} f^{(n+1)}(t)dt.$$

Aufgabe 1: Leiten Sie diese Formel mit Hilfe der partiellen Integration her.

Lösung (Quelle: Smirnow, S. 327 ff):

$$f(x) = f(x_0) + f'(x_0)(x - x_0) + \cdots + f^n(x_0)\frac{(x-x_0)^n}{n!} + R_n(x)$$

Ableiten nach x:

$$f'(x) = f'(x_0) + \frac{f''(x_0)}{1!}(x - x_0) + \cdots + \frac{f^n(x_0)}{(n-1)!}\frac{(x-x_0)^{n-1}}{n!} + R_n{'}(x)$$

Noch einmal ableiten nach x:

$$f''(x) = f''(x_0) + \frac{f'''(x_0)}{1!}(x - x_0) + \cdots + \frac{f^n(x_0)}{(n-2)!}\frac{(x-x_0)^{n-2}}{n!} + R_n{''}(x)$$

n mal ableiten nach x:

$$f^{(n)}(x) = f^{(n)}(x_0) + R_n{}^n(x)$$

Noch einmal ableiten bringt ein Zwischenergebnis:

$$f^{(n+1)}(x) = R_n{}^{(n+1)}(x)$$

Zur Bestimmung der $R_n(x), R_n{'}(x), R_n{''}(x) ..., R_n{}^n(x)$ setzen wir in den 1., 2.. ...n-ten Ableitungen $x = x_0$.

$$\Rightarrow R_n(x_0) = 0, R_n{'}(x_0) = 0, ..., R_n{}^n(x_0) = 0$$

Nach der Fundamentalformel der Integralrechnung gilt:

$$\int_{x_0}^{x} R_n{}'(t)dt = R_n(x) - R_n(x_0)$$

Durch partielle Integration folgt:

$$R_n(x) = \int_{x_0}^{x} R_n{}'(t)dt = -\int_{x_0}^{x} R_n{}'(t)d(x-t)$$

Nebenrechnung:

Da um x_0 herum integriert wird, wird die Integrationsvariable t durch x - t substituiert.

$$\Rightarrow \frac{d(x-t)}{dt} = -1 \ bzw: -d(x-t) = dt.$$

Setze: $u' = 1, v = R_n{}'(t)$

$$\Rightarrow -\int_{x_0}^{x} 1 * R_n{}'(t)d(x-t) = -R_n{}'(t)(x-t)|_{x_0}^{x} + \int_{x_0}^{x} R_n{}''(t)(x-t)dt$$

Allerdings ist der Term:

$$-R_n{}'(t)(x-t)|_{x_0}^{x} = \mathbf{0}$$

so dass nur das Integral übrigbleibt:

$$R_n(x) = \int_{x_0}^{x} R_n{}''(t)(x-t)dt$$

Nebenrechnung:

Da um x_0 herum integriert wird, wird die Integrationsvariable t durch x - t substituiert.

$$\Rightarrow \frac{d(x-t)^2}{2!} = -\frac{2(x-t)}{2!}d(x-t) = -\frac{x-t}{1!} \ dt.$$

$$\Rightarrow R_n(x) = -\int_{x_0}^{x} R_n{}''(t)\frac{d(x-t)^2}{2!}$$

$$= -R_n{}''(t)\frac{(x-t)^2}{2!}|_{x_0}^{x} + \int_{x_0}^{x} R_n{}'''(t)\frac{(x-t)^2}{2!}dt = -\int_{x_0}^{x} R_n{}'''(t)\frac{d(x-t)^3}{3!}$$

$$= -R_n{}'''(t)\frac{(x-t)^3}{3!}|_{x_0}^{x} + \int_{x_0}^{x} R_n{}^{(4)}(t)\frac{(x-t)^3}{3!}dt \ ...$$

usw. bis

$$\Rightarrow R_n(x) = \int_{x_0}^{x} R_n{}^{(n+1)}(t)\frac{(x-t)^n}{n!}\,dt.$$

Weil aber

$$R_n{}^{(n+1)}(t) = f^{(n+1)}(t)$$

$$\Rightarrow R_n(x) = \int_{x_0}^{x} f^{(n+1)}(t)\frac{(x-t)^n}{n!}\,dt\,\blacksquare$$

Sei $f: x \mapsto f(x) = e^x$ eine auf $\mathbb{R}$ beliebig oft differenzierbare Funktion mit der ebenfalls beliebig oft differenzierbaren Umkehrfunktion:

$f^{-1}: x \mapsto f^{-1}(x) = \ln(x), x \in (0, \infty)$

Aufgabe 2: Folgern Sie unter Verwendung von $\frac{d}{dx}e^x|_{x=0} = 1, \textit{dass gilt}$:

$\frac{d}{dx}e^x = e^x$ für alle $x \in \mathbb{R}$.

Lösung: Entwicklung in eine Taylorreihe um $x_0 = 0$:

$$e^x = e^{x_0} + \frac{d(e^x)}{dx}|_{x_0}(x - x_0) + \cdots + \frac{d^n(e^x)}{dx^n}|_{x_0}\frac{(x - x_0)^n}{n!} + R_n(x)$$

$$\Rightarrow \frac{d}{dx}(e^x) = \frac{d}{dx}(1 + e^x|_{x_0}x + e^x|_{x_0}\frac{x^2}{2!} + \cdots + e^x|_{x_0}\frac{x^n}{n!} + R_n(0)$$

$$= \frac{d}{dx}(1 + x + \frac{x^2}{2!} + \cdots + \frac{x^n}{n!} + R_n(0)); \; R_n(0) = 0 \; für \; n \to \infty$$

$$\frac{d}{dx}e^x = e^x\,\blacksquare$$

Blatt 13: Funktionen und Extremwerte

Lösung zu 1a):

Aus $y''(x) = 1$; $y(1) = 1$; $y'(1) = 1$ sowie n = 1 und $x_0 = 1$ und eingesetzt in die Taylorreihe folgt:

$$y(x) = 1 + 1 * (x - 1) + \frac{1}{1!}\int_{x_0}^{x}(x-t) * y''(0)\,dt$$

$$= 1 + x - 1 + \int_{x_0}^{x}(x-t) * 1\,dt$$

$$= x + \int_{1}^{x}(x-t)\,dt$$

Nebenrechnung: Berechne

$$\int_{1}^{x}(x-t)\,dt$$

durch Substitution: $(x - t) = z$

$$\frac{dz}{dt} = -1 \ bzw. \ dt = -dz$$

Eingesetzt in das Integral folgt:

$$\int_1^x (x-t)dt => -\int_1^x z\,dz = -\frac{1}{2}z^2\big|_1^x = -\frac{1}{2}(x-t)^2 = -\frac{1}{2}((x-x)^2 - (x-1)^2)$$

$$= -\frac{1}{2}\left(-(x^2 - 2x + 1)\right) = \frac{1}{2}(x^2 - 2x + 1).$$

$$y(x) = x + \frac{x^2}{2} - x + \frac{1}{2} = \frac{x^2 + 1}{2}$$

Probe:

Mit $y'(x) = x$ folgt $y'(1) = 1$.

Mit

$$y(x) = \frac{x^2 + 1}{2}$$

folgt

$$y(1) = \frac{1+1}{2} = 1 \blacksquare$$

Extremwerte (Min/Max):

$$\frac{dy}{dx} = 0. \ \text{Aus:} \ x = 0 \ \text{folgt} \ y(0) = \frac{1}{2}.$$

Es handelt sich um ein Minimum: $y''(0) = 1$. Ein Wendepunkt existiert nicht.

Skizze (erstellt mit GeoGebra):

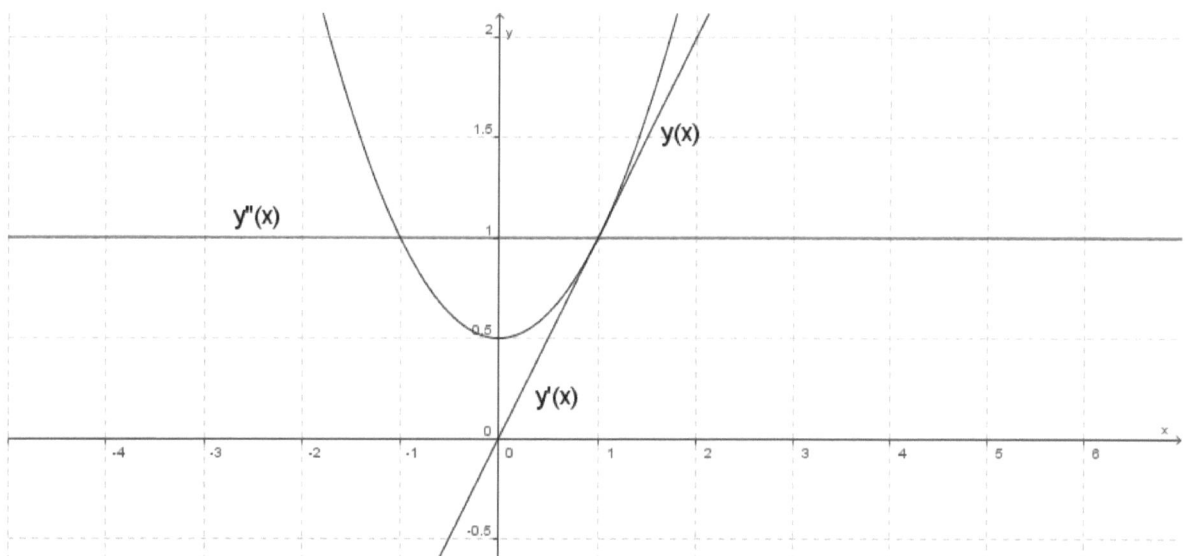

Lösung zu 1b): $y'''(x) = -1; y(0) = 1; y'(0) = 2; y''(0) = 1.$

Daraus identifizieren wir zunächst: $x_0 = 0; n = 2.$

Die Taylorreihe ist bis zum 3. Glied $((n+1) = 3)$ zu entwickeln.

$$y(x) = 1 + 2 * (x - 0) + \frac{1 * (x - 0)^2}{2!} + \frac{1}{2!} \int_0^x (x - t)^2 * (-1)dt$$

$$y(x) = 1 + 2x + \frac{1}{2}x^2 - \frac{1}{2} \int_0^x (x - t)^2 dt$$

Nebenrechnung: Berechne das Integral

$$\int_0^x (x - t)^2 dt$$

durch Substitution: $(x - t) = z.$

Daraus folgt:

$$\frac{dz}{dt} = -1 \ bzw. \ dt = -dz$$

Eingesetzt in das Integral folgt:

41

$$\int_1^x (x-t)^2 dt => -\int_1^x z^2 dt = -\frac{1}{3}(x-t)^3|_0^x = -\frac{1}{3}((x-x)^3 - (x-0)^3) = \frac{1}{3}x^3.$$

Insgesamt ergibt sich somit:

$$y(x) = 1 + 2x + \frac{1}{2}x^2 - \frac{1}{2} * \frac{1}{3}x^3 = 1 + 2x + \frac{1}{2}x^2 - \frac{1}{6}x^3.$$

Probe:

$$y(0) = 1$$

$$y'(x) = 2 + x - \frac{1}{2}x^2. \text{ Daraus folgt: } y'(0) = 2.$$

$$y''(x) = 1 - x. \text{ Daraus folgt: } y''(0) = 1 \blacksquare$$

Extremwerte: $y'(0) = 0 => 2 + x - \frac{1}{2}x^2 = 0.$

Auflösen der Gleichung nach x und Bestimmung der Nullstellen (p, q Formel):

$$x^2 - 2x - 4 = 0 => x_{1,2} = 1 \pm \sqrt{1+4} = 1 \pm \sqrt{5}.$$

$$x_1 = 3,24$$

$$x_2 = -1,24.$$

$$y(x_1) = 1 + 2(1 + \sqrt{5}) + \frac{1}{2}(1 + \sqrt{5})^2 - \frac{1}{6}(1 + \sqrt{5})^3 = 7,06.$$

$$y''(7,06) = 1 - 7,06 < 0 \Rightarrow Maximum.$$

$$y(x_2) = 1 + 2(1 - \sqrt{5}) + \frac{1}{2}(1 - \sqrt{5})^2 - \frac{1}{6}(1 - \sqrt{5})^3 = -0,4.$$

$$y''(-1,02) > 0 \Rightarrow Minimum.$$

Aus $y''(x) = 0 \Rightarrow 1 - x = 0 \Leftrightarrow x = 1$.

Daraus folgt der Wendepunkt: $y(1) = 3,33$.

Skizze:

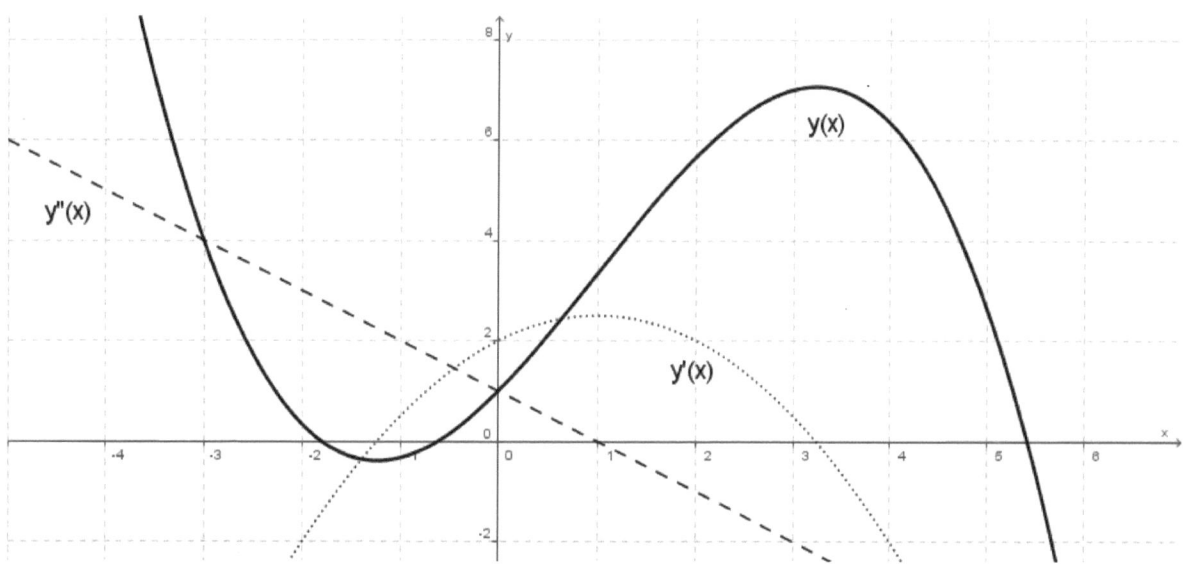

Lösung zu 1c) $y''(x) = \sin(x)$; $y(1) = 1$; $y'(1) = 1$.

$$y(x) = 1 + 1 * (x - 1) + \int_1^x (x - t) * \sin(t)\, dt = x + \int_1^x (x - t) * \sin(t)\, dt.$$

Nebenrechnung: Lösung des Integrals durch partielle Integration: $(x - t) = u, \sin(t) = v'$:

$$\Rightarrow u' = \frac{d(x - t)}{dt} = -1; v = \int \sin(t)\, dt = -\cos(t).$$

$$\Rightarrow \int_1^x (x - t) \sin(t)\, dt = ((x - t)(-\cos(t))\,|_1^x - \int_1^x (-1)(-\cos(t))\, dt$$

$$= (x - x)(-\cos(x)) - (x - 1)(-\cos(1)) - \int_1^x \cos(t)\, dt$$

$$= (x - 1)\cos(1) - \sin(t)\,|_1^x$$

$$= (x - 1)\cos(1) - \sin(x) + \sin(1).$$

Daraus folgt die gesuchte Funktion $y(x)$:

$$y(x) = x + x * \cos(1) - \sin(x) - \cos(1) + \sin(1).$$

Probe:

Einsetzen von $x = 1$ in $y(x)$:

$$y(1) = 1 + 1 * \cos(1) - \sin(1) - \cos(1) + \sin(1) = 1.$$

Ableiten von $y(x)$ nach x und einsetzen von $x = 1$:

$$y'(x) = 1 + \cos(1) - \cos(x) \Rightarrow y'(1) = 1 + \cos(1) - \cos(1) = 1.$$

Ableiten von y' nach $x \Rightarrow y''(x) = \sin(x)$ ∎

Bestimmung der Extremwerte von $y(x) = x + x * \cos(1) - \cos(1) - \sin(x) + \sin(1)$:

$$y'(x) = 1 + \cos(1) - \cos(x) = 0 \Rightarrow \cos(x) = 1 + \cos(1) \Leftrightarrow x = \arccos(1 + \cos(1)).$$

$\arccos(1 + \cos(1))$ ist nicht definiert, so dass **kein Minimum bzw. Maximum existiert.**

Wendepunkte:

Zu lösen ist die Gleichung: $y'' = \sin(x) = 0 \; bzw. \, x = \arcsin(0)$.

Lösung: Wendepunkte sind zu finden bei $x = 0; \; \pi; 2\pi$ ...

Mit $y(0) = \sin(1) - \cos(1) \approx 0{,}3$ folgt z. B. $(0; 0{,}3)$ die Koordinate des ersten Wendepunktes.

Mit $y(\pi) = \pi + \pi * \cos(1) - \cos(1) - \sin(\pi) + \sin(1) = 5{,}14$ folgt die Koordinate des zweiten Wendepunktes $[\pi; 5{,}14]$ usw.

Skizze:

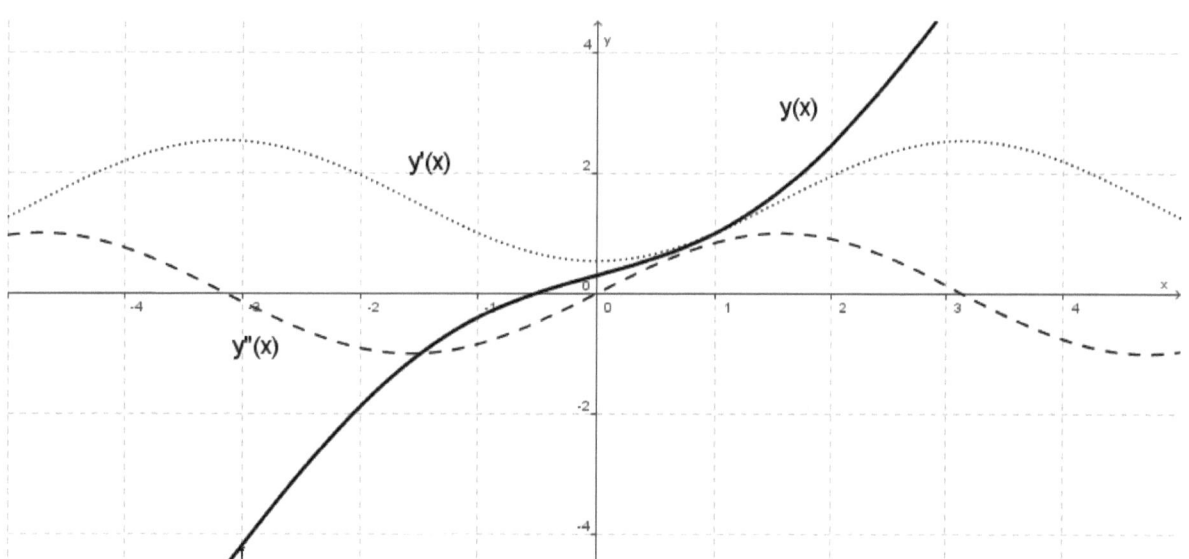

Blatt 14: Nabla- und Delta-Operator; Norm

Aufgabe 1:

Sei $n \in \mathbb{N}$, $n \geq 2$, $\alpha \in \mathbb{R}$ und $f(x) = \| x \|^{\alpha}$ für alle $x = (x_{1,\dots,}x_n) \in D_f = \mathbb{R}^n$.

Aufgabe 1: Berechnen Sie:

a) $\nabla f(x) = \left(\dfrac{\partial}{\partial x_1} f(x), \dots, \dfrac{\partial}{\partial x_n} f(x) \right)$ und

b) $\Delta f(x) = \left(\dfrac{\partial^2}{\partial x_1^2} + \dots + \dfrac{\partial^2}{\partial x_n^2} \right) f(x)$.

Aufgabe 2. Zeigen Sie, dass

a) $\Delta \| x \|^{2-n} = 0$ gilt für alle $x \neq (0, \dots, 0), n \geq 3$ *und dass*

b) $\Delta ln \| x \| = 0$ gilt für alle $x \neq (0,0), n = 2$.

$\| x \| =$ Norm von x, d. h.: $\| x \| = \sqrt{\sum_{i=1}^n x_i^2} = (x_1^2 + \dots + x_n^2)^{\frac{1}{2}}$

Daraus folgt sofort:

$(\| x \|)^{\alpha} = ((x_1^2 + \dots + x_n^2)^{\frac{1}{2}})^{\alpha} = (x_1^2 + \dots + x_n^2)^{\frac{\alpha}{2}}$.

Lösung zu 1a:

Der $\nabla -$ Operator ist vektoriell dargestellt. Daher muss jede Komponente auf $f(x)$ angewendet werden. **Beispiel: Anwendung auf die j-te Komponente:**

$$\frac{\partial}{\partial x_j} f(x) = \frac{\partial}{\partial x_j} (x_1^2 + \dots + x_n^2)^{\frac{\alpha}{2}}$$

Nebenrechnung:

Innere Ableitung von $(x_1^2 + \dots + x_n^2)^{\frac{\alpha}{2}}$ nach x_j ergibt: $2x_j$.

Äußere Ableitung von $(x_1^2 + \dots + x_n^2)^{\frac{\alpha}{2}}$ nach x_j ergibt: $\frac{\alpha}{2} (x_1^2 + \dots + x_n^2)^{\frac{\alpha}{2}-1}$.

Mit der Identität:

46

$$\frac{\alpha}{2} - 1 = \frac{\alpha - 2}{2}$$

folgt für die j-te Komponente::

$$\frac{\partial}{\partial x_j} f(x) = 2x_j * \left[\frac{\alpha}{2} (x_1^2 + \cdots + x_n^2)^{\frac{\alpha}{2}-1}\right] = 2x_j * \left[\frac{\alpha}{2} ((x_1^2 + \cdots + x_n^2)^{\frac{\alpha-2}{2}}\right]$$

$$\frac{\partial}{\partial x_j} f(x) = 2x_j \left[\frac{\alpha}{2} ((x_1^2 + \cdots + x_n^2)^{\frac{1}{2}})^{\alpha-2}\right] = 2x_j * \frac{\alpha}{2} \parallel x \parallel^{\alpha-2} = \alpha \parallel x \parallel^{\alpha-2} * x_j.$$

Für jede Komponente folgt somit:

$$j = 1: \alpha \parallel x \parallel^{\alpha-2} * x_1;$$

$$j = 2: \alpha \parallel x \parallel^{\alpha-2} * x_2; \textbf{usw.}$$

Alle Komponenten aufsammeln und vektoriell aufschreiben:

$$\nabla f(x) = \alpha \parallel x \parallel^{\alpha-2} x \ \blacksquare$$

Lösung zu 1b):

Zu berechnen ist:

$$\Delta f(x) = \left(\frac{\partial^2}{\partial x_1^2} + \ldots + \frac{\partial^2}{\partial x_n^2}\right) f(x)$$

Die Rechnung erfolgt genau analog zu 1a), nur ist in der Nebenrechnung die $j - te$ Komponente zwei Mal nach x abzuleiten.

Der Einfachheit halber wird das Ergebnis aus 1a) verwendet:

$$\nabla(\nabla f(x)) = \nabla(\alpha \parallel x \parallel^{\alpha-2} x).$$

Nebenrechnung: Anwendung der Produktregel:

$$\frac{\partial}{\partial x_j} (u * v) = \frac{\partial u}{\partial x_j} * v + \frac{\partial v}{\partial x_j} * u$$

Mit $u = \alpha \parallel x \parallel^{\alpha-2}$ und $v = x$ folgt:

$$\frac{\partial u}{\partial x_j} = \frac{\partial}{\partial x_j} (\alpha \left(x_1^2 + \cdots + x_n^2\right)^{\frac{\alpha-2}{2}})$$

und

$$\frac{\partial v}{\partial x_j} = \frac{\partial x_j}{\partial x_j} = 1.$$

Wieder sind innere und äußere Ableitung zu bilden:

Innere Ableitung von $(x_1^2 + \cdots + x_n^2)^{\frac{\alpha}{2}}$ nach x_j ergibt: $\mathbf{2x_j}$.

Äußere Ableitung von $\alpha \parallel x \parallel^{\alpha-2} = \alpha(x_1^2 + \cdots + x_n^2)^{\frac{\alpha-2}{2}}$ nach x_j ergibt:

$$\alpha \frac{(\alpha-2)}{2}(x_1^2 + \cdots + x_n^2)^{\frac{\alpha-2}{2}-1} = \frac{\alpha(\alpha-2)}{2}(x_1^2 + \cdots + x_n^2)^{\frac{\alpha-4}{2}}$$

$$= \frac{\alpha(\alpha-2)}{2}((x_1^2 + \cdots + x_n^2)^{\frac{1}{2}})^{\alpha-4} = \frac{\alpha(\alpha-2)}{2} \parallel x \parallel^{\alpha-4}$$

Innere mal äußere Ableitung ergibt:

$$\frac{\partial u}{\partial x_j} = 2x_j \frac{\alpha(\alpha-2)}{2} \parallel x \parallel^{\alpha-4} = \alpha(\alpha-2) \parallel x \parallel^{\alpha-4} * x_j$$

Und daraus folgt als **Zwischenergebnis**:

$$\frac{\partial u}{\partial x_j} * v = \alpha(\alpha-2) \parallel x \parallel^{\alpha-4} * x_j * x_j = \alpha(\alpha-2) \parallel x \parallel^{\alpha-4} * x_j{}^2.$$

Die Rechnung für $\frac{\partial v}{\partial x_j} * u$ liefert sofort mit: $\frac{\partial v}{\partial x_j} = \frac{\partial x_j}{\partial x_j} = 1$

$$\frac{\partial v}{\partial x_j} * u = 1 * \alpha(x_1^2 + \cdots + x_n^2)^{\frac{\alpha-2}{2}} = \alpha \parallel x \parallel^{\alpha-2}$$

Zusammengefasst folgt für die j-te Komponente:

$$\frac{\partial^2}{\partial x_j^2} f(x) = \alpha(\alpha-2) \parallel x \parallel^{\alpha-4} * x_j{}^2 + \alpha \parallel x \parallel^{\alpha-2}.$$

Wegen $\Delta f(x) = \left(\frac{\partial^2}{\partial x_1^2} + \ldots + \frac{\partial^2}{\partial x_n^2}\right) f(x)$ sind alle n Komponenten aufzusummieren:

$\Delta f(x) = \alpha(\alpha-2) \parallel x \parallel^{\alpha-4} * x_1{}^2 + \alpha \parallel x \parallel^{\alpha-2} + \alpha(\alpha-2) \parallel x \parallel^{\alpha-4} * x_2{}^2 + \alpha \parallel x \parallel^{\alpha-2} +$

$\ldots + \alpha(\alpha-2) \parallel x \parallel^{\alpha-4} * x_n{}^2 + \alpha \parallel x \parallel^{\alpha-2}$

$$= n\alpha \parallel x \parallel^{\alpha-2} + \alpha(\alpha-2) \parallel x \parallel^{\alpha-4} (x_1{}^2 + x_2{}^2 + \cdots + x_n{}^2).$$

Dieses Ergebnis lässt sich zusammenfassen zu:

$$\Delta f(x) = n\alpha \parallel x \parallel^{\alpha-2} + \alpha(\alpha-2) \parallel x \parallel^{\alpha-4} * \parallel x \parallel^2$$

$$\Delta f(x) = n\alpha \parallel x \parallel^{\alpha-2} + \alpha(\alpha-2) \parallel x \parallel^{\alpha-2} \text{ oder kürzer:}$$

$$\Delta f(x) = (n\alpha + \alpha(\alpha-2)) \parallel x \parallel^{\alpha-2}.$$

Es ist zu zeigen, dass: $\Delta \parallel x \parallel^{2-n} = 0$ gilt für alle $x \neq (0,\dots,0), n \geq 3$.

Lösung zu 2a)

Mit $f(x) = \parallel x \parallel^{\alpha}$ und $\alpha = 2 - n$ gesetzt, folgt:

$$\Delta f(x) = n(2-n) + (2-n)(2-n-2) \parallel x \parallel^{2-n-2}$$

$$= (2n - n^2 + (2-n)*(-n)) \parallel x \parallel^{-n}$$

$$= (2n - n^2 - 2n + n^2) \parallel x \parallel^{-n} = 0 * \parallel x \parallel^{-n} = 0 \blacksquare$$

Es ist zu zeigen, dass $\Delta ln \parallel x \parallel = 0$ gilt für alle $x \neq (0,0), n = 2$.

Lösung zu 2b):

Nebenrechnung: $\Delta ln \parallel x \parallel = \Delta \ln(x_1^2 + x_2^2)^{\frac{1}{2}} = \frac{1}{2}\Delta \ln(x_1^2 + x_2^2)).$

Mit

$$\frac{dln(x)}{dx} = \frac{1}{x}$$

folgt sofort für $\frac{\partial}{\partial x_1} ln \parallel x \parallel$ und Anwendung der inneren und äußeren Ableitung:

$$\frac{\partial}{\partial x_1} ln \parallel x \parallel = \frac{\partial}{\partial x_1} ln(x_1^2 + x_2^2)^{\frac{1}{2}} = \frac{2x_1}{x_1^2 + x_2^2}$$

Nochmalige Ableitung nach x_1 und Anwendung der Quotientenregel:

$$\frac{u' * v - v' * u}{v^2}$$

$$\frac{\partial^2}{\partial x_1^2}\left(\frac{2x_1}{x_1^2 + x_2^2}\right) = \frac{2(x_1^2 + x_2^2) - 2x_1 2x_1}{(x_1^2 + x_2^2)^2} = \frac{2x_2^2 - 2x_1^2}{(x_1^2 + x_2^2)^2}$$

Analoge Rechnung für die 2. Komponente:

$$\frac{\partial}{\partial x_2} ln \parallel x \parallel = \frac{\partial}{\partial x_2} ln(x_1^2 + x_2^2)^{\frac{1}{2}} = \frac{2x_2}{x_1^2 + x_2^2}$$

$$\frac{\partial^2}{\partial x_2^2}\left(\frac{2x_2}{x_1^2 + x_2^2}\right) = \frac{2(x_1^2 + x_2^2) - 2x_2 2x_2}{(x_1^2 + x_2^2)^2} = \frac{2x_1^2 - 2x_2^2}{(x_1^2 + x_2^2)^2}$$

$$\Rightarrow \Delta ln \parallel x \parallel = \frac{1}{2}\left(\frac{2x_2^2 - 2x_1^2}{(x_1^2 + x_2^2)^2} + \frac{2x_1^2 - 2x_2^2}{(x_1^2 + x_2^2)^2}\right) = 0 \blacksquare$$

Aufgabe 3:

Sei $g(r, \varphi, \lambda) \mapsto \begin{pmatrix} g_1(r, \varphi, \lambda) \\ g_2(r, \varphi, \lambda) \\ g_3(r, \varphi, \lambda) \end{pmatrix}$ definiert durch:

$g_1(r, \varphi, \lambda) = r\cos(\lambda)\cos(\varphi); \ g_2(r, \varphi, \lambda) = r\cos(\lambda)\sin(\varphi); \ g_3(r, \varphi, \lambda) = r\sin(\lambda)$

$\left(r \geq 0; 0 \leq \varphi \leq 2\pi; -\dfrac{\pi}{2} \leq \lambda \leq \dfrac{\pi}{2} \right).$

Für festes r sei g_r (als Funktion der beiden Variablen φ, λ) definiert durch:

$g_r(\varphi, \lambda) = g(r, \varphi, \lambda).$

a) Zeigen Sie, dass $K_r = \{ x \in \mathbb{R}^3 | \ \| x \| = r \} = W_{g_r}$ gilt

b) Berechnen Sie die Funktionalmatrix $\nabla g(r, \varphi, \lambda)$

und die Funktionaldeterminante $|\nabla g(r, \varphi, \lambda)|$.

c) Berechnen Sie $g_\varphi \times g_\lambda$ und $\| g_\varphi \times g_\lambda \|$.

---

r fest; $g_r(\varphi, \lambda) = g(r, \varphi, \lambda); 0 \leq \varphi \leq 2\pi; -\dfrac{\pi}{2} \leq \lambda \leq \dfrac{\pi}{2}$

$g_1(r, \varphi, \lambda) = r\cos(\lambda)\cos(\varphi); \ g_2(r, \varphi, \lambda) = r\cos(\lambda)\sin(\varphi); \ g_3(r, \varphi, \lambda) = r\sin(\lambda)$

$x = (x_1, x_2, x_3) = (g_1, g_2, g_3)$

Lösung zu 3a):

$$\Rightarrow \| x \| = (g_1^2 + g_2^2 + g_3^2)^{\frac{1}{2}}$$

$$= (r^2 \cos^2(\lambda)\cos^2(\varphi) + r^2\cos^2(\lambda)\sin^2(\varphi) + r^2\sin^2(\lambda))^{\frac{1}{2}}$$

$$= r((\cos^2(\varphi) + \sin^2(\varphi)) * \cos^2(\lambda) + \sin^2(\lambda))^{\frac{1}{2}}$$

$$= r * (\cos^2(\lambda) + \sin^2(\lambda))^{\frac{1}{2}}, \text{ weil } \cos^2(\varphi) + \sin^2(\varphi) = 1.$$

$$\Rightarrow \| x \| = r \ \blacksquare$$

Zu 3b) Funktionalmatrix:

51

$$\nabla g(r,\varphi,\lambda) = \begin{pmatrix} \dfrac{\partial g_1}{\partial r} & \dfrac{\partial g_2}{\partial r} & \dfrac{\partial g_3}{\partial r} \\ \dfrac{\partial g_1}{\partial \varphi} & \dfrac{\partial g_2}{\partial \varphi} & \dfrac{\partial g_3}{\partial \varphi} \\ \dfrac{\partial g_1}{\partial \lambda} & \dfrac{\partial g_2}{\partial \lambda} & \dfrac{\partial g_3}{\partial \lambda} \end{pmatrix} = \begin{pmatrix} \cos(\lambda)\cos(\varphi) & \cos(\lambda)\sin(\varphi) & \sin(\lambda) \\ -r\cos(\lambda)\sin(\varphi) & r\cos(\lambda)\cos(\varphi) & 0 \\ -r\sin(\lambda)\cos(\varphi) & -r\sin(\lambda)\sin(\varphi) & r\cos(\lambda) \end{pmatrix}$$

Funktionaldeterminante:

$|\nabla \, g(r,\varphi,\lambda)| =$

$\cos(\lambda)\cos(\varphi) * r\cos(\lambda)\cos(\varphi) * r\cos(\lambda) + \cos(\lambda)\sin(\varphi) * 0 *(-r\sin(\lambda)\cos(\varphi)) +$

$\sin(\lambda)*(-r\cos(\lambda)\sin(\varphi)) *(-r\sin(\lambda)\sin(\varphi)) -$

$- \sin(\lambda) * r\cos(\lambda)\cos(\varphi) *(-r\sin(\lambda)\cos(\varphi)) - \cos(\lambda)\sin(\varphi)* (-r\cos(\lambda)\sin(\varphi)) *$

$r\cos(\lambda) - \cos(\lambda)\cos(\varphi) * 0 *(-r\sin(\lambda)\sin(\varphi)).$

$= r^2cos^3(\lambda) * cos^2(\varphi) + r^2\cos(\lambda)\sin^2(\lambda) * sin^2(\varphi) + r^2\cos(\lambda)\cos^2(\varphi)sin^2(\lambda)$
$\qquad + r^2cos^3(\lambda) * sin^2(\varphi)$

$= r^2[cos^3(\lambda) * cos^2(\varphi) + cos^3(\lambda) * sin^2(\varphi) + \cos(\lambda) * sin^2(\lambda) * sin^2(\varphi) + cos(\lambda)$
$\qquad * cos^2(\varphi) * sin^2(\varphi)]$

$= r^2[cos^3(\lambda) * (cos^2(\varphi) + sin^2(\varphi)) + \cos(\lambda) * sin^2(\lambda) * (cos(\lambda) + sin^2(\varphi))]$

$= r^2[cos^3(\lambda) + \cos(\lambda) * sin^2(\lambda)] = r^2 \left[\cos(\lambda)\left(cos^2(\lambda) + sin^2(\lambda)\right)\right] = r^2\cos(\lambda).$

Zu 3c) Zu berechnen: $g_\varphi \times g_\lambda$ und $\| g_\varphi \times g_\lambda \|$.

$$g_\varphi = g(r, \varphi = const, \lambda) = \begin{pmatrix} g_{1\varphi}(r,\lambda) \\ g_{2\varphi}(r,\lambda) \\ g_{3\varphi}(r,\lambda) \end{pmatrix}$$

$$g_\lambda = g(r,\varphi, \lambda = const) = \begin{pmatrix} g_{1\lambda}(r,\varphi) \\ g_{2\lambda}(r,\varphi) \\ g_{3\lambda}(r,\varphi) \end{pmatrix}$$

Zu bilden ist das **Kreuzprodukt**: $g_\varphi \times g_\lambda$:

$$g_\varphi \times g_\lambda = \begin{pmatrix} e_1 & e_2 & e_3 \\ g_{1\varphi} & g_{2\varphi} & g_{3\varphi} \\ g_{1\lambda} & g_{2\lambda} & g_{3\lambda} \end{pmatrix} = \begin{pmatrix} g_{2\varphi}g_{3\lambda} - g_{3\varphi}g_{2\lambda} \\ g_{3\varphi}g_{1\lambda} - g_{1\varphi}g_{3\lambda} \\ g_{1\varphi}g_{2\lambda} - g_{2\varphi}g_{1\lambda} \end{pmatrix} = \begin{pmatrix} f_1 \\ f_2 \\ f_3 \end{pmatrix}$$

Zunächst berechnen wir g_φ und g_λ:

$$\frac{\partial}{\partial \varphi}\begin{pmatrix} g_1 \\ g_2 \\ g_3 \end{pmatrix} = \begin{pmatrix} \dfrac{\partial g_1}{\partial \varphi} \\ \dfrac{\partial g_2}{\partial \varphi} \\ \dfrac{\partial g_3}{\partial \varphi} \end{pmatrix} = \begin{pmatrix} -r\cos(\lambda)\sin(\varphi) \\ r\cos(\lambda)\cos(\varphi) \\ 0 \end{pmatrix} = g_\varphi$$

$$\frac{\partial}{\partial \lambda}\begin{pmatrix} g_1 \\ g_2 \\ g_3 \end{pmatrix} = \begin{pmatrix} \dfrac{\partial g_1}{\partial \lambda} \\ \dfrac{\partial g_2}{\partial \lambda} \\ \dfrac{\partial g_3}{\partial \lambda} \end{pmatrix} = \begin{pmatrix} -r\sin(\lambda)\cos(\varphi) \\ -r\sin(\lambda)\sin(\varphi) \\ r\cos(\lambda) \end{pmatrix} = g_\lambda$$

Zu bilden ist nun das Kreuzprodukt $g_\varphi \times g_\lambda$:

$$= \begin{pmatrix} r\cos(\lambda)\cos(\varphi)\, r\cos(\lambda) - 0 \\ 0 - (-r\cos(\lambda)\sin(\varphi)\, r\cos(\lambda)) \\ (-r\cos(\lambda)\sin(\varphi))(-r\sin(\lambda)\sin(\varphi)) - (r\cos(\lambda)\cos(\varphi))(-r\sin(\lambda)\cos(\varphi)) \end{pmatrix}$$

$$= \begin{pmatrix} r^2\cos^2(\lambda)\cos(\varphi) \\ r^2\cos^2(\lambda)\sin(\varphi) \\ r^2\cos(\lambda)\sin(\lambda)\sin^2(\varphi) + r^2\cos(\lambda)\sin(\lambda)\cos^2(\varphi) \end{pmatrix}$$

$$= r^2\cos(\lambda) \begin{pmatrix} \cos(\lambda)\cos(\varphi) \\ \cos(\lambda)\sin(\varphi) \\ \sin(\lambda)(\sin^2(\varphi) + \cos^2(\varphi)) \end{pmatrix}$$

$$g_\varphi \times g_\lambda = r^2\cos(\lambda) \begin{pmatrix} \cos(\lambda)\cos(\varphi) \\ \cos(\lambda)\sin(\varphi) \\ \sin(\lambda) \end{pmatrix}$$

Daraus folgt die **NORM** $\| g_\varphi \times g_\lambda \|$:

$$\| g_\varphi \times g_\lambda \| = ((r^2\cos(\lambda))^2)^{\frac{1}{2}} * ((\cos(\lambda)\cos(\varphi))^2 + (\cos(\lambda)\sin(\varphi))^2 + \sin^2(\lambda))^{\frac{1}{2}}$$

$$= \mathrm{r}^2\cos(\lambda) * (\cos^2(\lambda)(\cos^2(\varphi) + \sin(\varphi))^2 + \sin^2(\lambda))^{\frac{1}{2}}$$

$$= \mathrm{r}^2\cos(\lambda) * (\cos^2(\lambda) + \sin^2(\lambda))^{\frac{1}{2}}$$

$$\| \boldsymbol{g_\varphi} \times \boldsymbol{g_\lambda} \| = \mathbf{r}^2\mathbf{cos}(\lambda)$$

Aufgabe 4:

a) Konstruieren Sie eine Funktion $F: x \mapsto F(x)$ mit

$\nabla F(x) = f(x) = \big(f_1(x), f_2(x)\big)$ für alle $x = (x_1, x_2) \in \mathbb{R}^2$ in den folgenden Fällen:

1) $f(x) = (x_2\cos(x_1 x_2), x_1\cos(x_1 x_2))$,

2) $f(x) = (\cos(x_1) + x_2\sin(x_1)\, e^{x_1 x_2}, x_1(\sin(x_1)e^{x_1 x_2})$,

3) $f(x) = ((x_1^2 + 2x_1 + x_2^3)e^{x_1 + x_2}, (x_1^2 + 3x_2^2 + x_2^3)e^{x_1 + x_2})$.

Wegen $\partial_1\partial_2 F = \partial_2\partial_1 F$ muss die Bedingung $\partial_1 f_2 = \partial_2 f_1$ erfüllt sein.

b) Prüfen Sie, ob das der Fall ist.

c) Begründen Sie folgenden Lösungsansatz: $F(x) = F_1(x) + F_2(x)$,

$F_1(x) := (\int f_1(x_1, x_2)dx_1 + c(x_2), F_1(c_1, x_2) = 0, F_2(x) = \int f_2(c_1, x_2)dx_2$. Oder:

$F(x) = F_1(x) + F_2(x), F_1(x_1, x_2) = (\int f_2(x_1, x_2)dx_2 + c(x_1), F_1(x_1, c_1) = 0$,

$F_2(x_1, x_2) := \displaystyle\int f_1(x_1, c_1)dx_1$.

Lösung:

Zu 4a1) Lösungsansatz: $F(x) = F_1(x) + F_2(x)$.

$$F_1(x) = \int f_1(x_1, x_2)dx_1 + c(x_2)$$

$$F_1(c_1, x_2) = 0$$

$$F_2(x) = \int f_2(c_1, x_2)dx_2$$

$$f(x) = (x_2 \cos(x_1 x_2), x_1 \cos(x_1 x_2)) \text{ mit}$$

$$f_1(x_1, x_2) = x_2 \cos(x_1 x_2); \quad f_2(x_1, x_2) = x_1 \cos(x_1 x_2).$$

$$F_1(x) = \int x_2 \cos(x_1 x_2)\, dx_1 + c(x_2) = x_2 \int \cos(x_1 x_2)\, dx_1 + c(x_2).$$

Nebenrechnung: Substitution:

$$x_1 x_2 = z \Rightarrow \frac{dz}{dx_1} = x_2 \Leftrightarrow dx_1 = \frac{dz}{x_2}$$

$$F_1(x) = \frac{x_2}{x_2} \int \cos(z)\, dz + c(x_2) = \sin(z) + c(x_2) = \sin(x_1 x_2) + c(x_2)$$

Wegen $F_1(c_1, x_2) = 0 \Rightarrow \sin(c_1 x_2) + c(x_2) = 0 \Leftrightarrow c(x_2) = -\sin(c_1 x_2)$

$$\Rightarrow F_1(x) = \sin(c_1 x_2) - \sin(c_1 x_2).$$

$$F_2(x) = \int f_2(c_1, x_2) dx_2 =$$

$$\int c_1 \cos(c_1 x_2)\, dx_2 =$$

$$c_1 \int \cos(c_1 x_2)\, dx_2$$

Nebenrechnung: Substitution:

$$c_1 x_2 = z \Rightarrow \frac{dz}{dx_2} = c_1 \Leftrightarrow dx_2 = \frac{dz}{c_1}$$

$$F_2(x) = c_1 \int \cos(z) \frac{dz}{c_1} = \frac{c_1}{c_1} \int \cos(z)\, dz = \sin(z) = \sin(c_1 x_2)$$

Zusammengefasst:

$$F(x) = F_1(x) + F_2(x) \Rightarrow F(x) = \sin(x_1 x_2) - \sin(c_1 x_2) + \sin(c_1 x_2)$$

$$\mathbf{F(x) = \sin(x_1 x_2).}$$

Probe:

$$\frac{\partial_1}{\partial x_1} f_2 = \frac{\partial_2}{\partial x_2} f_1$$

$$\frac{\partial_1}{\partial x_1} f_2 = \frac{\partial_1}{\partial x_1} (x_1 \cos(x_1 x_2)) = 1 * \cos(x_1 x_2) + x_1 x_2 (-\sin(x_1 x_2))$$

$$= \cos(x_1 x_2) - x_1 x_2 \sin(x_1 x_2)$$

$$\frac{\partial_2}{\partial x_2} f_1 = \frac{\partial_2}{\partial x_2} (x_2 \cos(x_1 x_2)) = 1 * \cos(x_1 x_2) + x_2 x_1 (-\sin(x_1 x_2))$$

$$= \cos(x_1 x_2) - x_1 x_2 \sin(x_1 x_2) \ \blacksquare$$

Zu 4a2) $f(x) = (\cos(x_1) + x_2 \sin(x_1)) \, e^{x_1 x_2}, x_1 (\sin(x_1) e^{x_1 x_2})$

$$f_1(x_1, x_2) = \cos(x_1) + x_2 \sin(x_1) \, e^{x_1 x_2}; \ f_2(x_1, x_2) = x_1 (\sin(x_1) e^{x_1 x_2}$$

$$F_1(x) = (\int f_1(x_1, x_2) dx_1 + c(x_2),$$

$$F_1(c_1, x_2) = 0$$

$$F_2(x) = \int f_2(c_1, x_2) dx_2$$

$$F_1(x) = \int (\cos(x_1) + x_2 \sin(x_1)) e^{x_1 x_2} dx_1 + c(x_2)$$

$$= \int \cos(x_1) e^{x_1 x_2} dx_1 + \int x_2 \sin(x_1) \, e^{x_1 x_2} dx_1 + c(x_2)$$

Lösen des 1. Integrals mittels partieller Integration: $u = \cos(x_1); \ v' = e^{x_1 x_2}.$

$$\int \cos(x_1) e^{x_1 x_2} dx_1 = \sin(x_1) \, e^{x_1 x_2} - \int \sin(x_1) x_2 e^{x_1 x_2} dx_1$$

$$= \sin(x_1) \, e^{x_1 x_2} - x_2 \int \sin(x_1) e^{x_1 x_2} dx_1$$

Setze: $u' = \sin(x_1); \ v = e^{x_1 x_2}$

$$= \sin(x_1) \, e^{x_1 x_2} - x_2 [-\cos(x_1) e^{x_1 x_2} + \int \cos(x_1) x_2 e^{x_1 x_2} dx_1]$$

$$= \sin(x_1) \, e^{x_1 x_2} + x_2 \cos(x_1) e^{x_1 x_2} - x_2^2 \int \cos(x_1) e^{x_1 x_2} dx_1$$

$$\Rightarrow \int \cos(x_1)e^{x_1x_2}dx_1 + x_2^2 \int \cos(x_1)e^{x_1x_2}dx_1 = \sin(x_1)\,e^{x_1x_2} + x_2\cos(x_1)e^{x_1x_2}$$

$$\Leftrightarrow \int \cos(x_1)e^{x_1x_2}dx_1\,(1+x_2^2) = \sin(x_1)\,e^{x_1x_2} + x_2\cos(x_1)e^{x_1x_2}$$

$$\Leftrightarrow \int \cos(x_1)e^{x_1x_2}dx_1 = \frac{e^{x_1x_2}}{(1+x_2^2)}\,(\sin(x_1) + x_2\cos(x_1))$$

Lösen des 2. Integrals mittels partieller Integration: $u = \sin(x_1)$; $v' = e^{x_1x_2}$.

$$x_2 \int \sin(x_1)\,e^{x_1x_2}dx_1$$

Dieses Integral ist bereits berechnet worden (s.o.). Das Ergebnis:

$$x_2 \int \sin(x_1)\,e^{x_1x_2}dx_1 = \sin(x_1)\,e^{x_1x_2} - \int \cos(x_1)e^{x_1x_2}dx_1$$

$$= \sin(x_1)\,e^{x_1x_2} - \frac{e^{x_1x_2}}{(1+x_2^2)}\,(\sin(x_1) + x_2\cos(x_1))$$

$$\Rightarrow F_1(x) = \frac{e^{x_1x_2}}{(1+x_2^2)}\,(\sin(x_1) + x_2\cos(x_1)) + \sin(x_1)\,e^{x_1x_2}$$

$$-\frac{e^{x_1x_2}}{(1+x_2^2)}\,(\sin(x_1) + x_2\cos(x_1)) + c(x_2)$$

$$F_1(x) = \sin(x_1)\,e^{x_1x_2} + c(x_2)$$

$$\text{Wegen } F_1(c_1, x_2) = 0 \Rightarrow \sin(c_1)\,e^{c_1x_2} + c(x_2) = 0$$

$$\Rightarrow c(x_2) = -\sin(c_1)\,e^{c_1x_2}.$$

$$F_2(x) = \int f_2(c_1, x_2)dx_2 \Rightarrow F_2(x) = \int c_1\sin(c_1)\,e^{c_1x_2}dx_2$$

$$F_2(x) = c_1\sin(c_1) \int e^{c_1x_2}dx_2 = c_1\sin(c_1)\,c_1e^{c_1x_2}.$$

$$F(x) = F_1(x) + F_2(x) \Rightarrow$$

$$F(x) = \sin(x_1)\,e^{x_1x_2} - \sin(c_1)\,e^{c_1x_2} + c_1^2\sin(c_1)e^{c_1x_2}.$$

$$F(x) = \sin(x_1)\, e^{x_1 x_2} - \left(1 - c_1^2\right)\sin(c_1)\, e^{c_1 x_2} \; \blacksquare$$

Prüfe:

$$\frac{\partial_1}{\partial x_1} f_2 = \frac{\partial_2}{\partial x_2} f_1$$

$$\frac{\partial}{\partial x_1} f_2 = \frac{\partial}{\partial x_1}\left(x_1 \sin(x_1) e^{x_1 x_2}\right) = x_1 \sin(x_1) x_2 e^{x_1 x_2} + e^{x_1 x_2}\frac{\partial}{\partial x_1}\left(x_1(\sin(x_1))\right)$$

$$= x_1 \sin(x_1) x_2 e^{x_1 x_2} + e^{x_1 x_2}\sin(x_1) + x_1 \cos(x_1)$$

$$= e^{x_1 x_2}\left[x_1 x_2 \sin(x_1) + \sin(x_1) + x_1 \cos(x_1)\right]$$

$$\frac{\partial}{\partial x_2} f_1 = \frac{\partial}{\partial x_2}\left(\cos(x_1) + x_2 \sin(x_1)\, e^{x_1 x_2}\right) = \cos(x_1)\frac{\partial}{\partial x_2}\left(e^{x_1 x_2}\right) + \sin(x_1)\frac{\partial}{\partial x_2}\left(x_2 e^{x_1 x_2}\right)$$

$$= x_1 \cos(x_1)\left(e^{x_1 x_2}\right) + \sin(x_1)\left(e^{x_1 x_2} + x_2 x_1 e^{x_1 x_2}\right)$$

$$= e^{x_1 x_2}\left[x_1 \cos(x_1) + \sin(x_1) + x_2 x_1 \sin(x_1)\right] \; \blacksquare$$

Zu 4a3) $f(x) = \left((x_1^2 + 2x_1 + x_2^3)e^{x_1 + x_2},\ (x_1^2 + 3x_2^2 + x_2^3)e^{x_1 + x_2}\right)$

$$f_1(x_1, x_2) = (x_1^2 + 2x_1 + x_2^3)e^{x_1 + x_2}; \quad f_2(x_1, x_2) = (x_1^2 + 3x_2^2 + x_2^3)e^{x_1 + x_2}$$

$$F_1(x) = \left(\int f_1(x_1, x_2)dx_1 + c(x_2)\right)$$

$$F_1(c_1, x_2) = 0$$

$$F_2(x) = \int f_2(c_1, x_2)dx_2$$

$$F_1(x) = \int (x_1^2 + 2x_1 + x_2^3)e^{x_1 + x_2}dx_1 + c(x_2) = \int (x_1^2 + 2x_1 + x_2^3)e^{x_1}e^{x_2}dx_1 + c(x_2)$$

$$= e^{x_2}\left[\int x_1^2 e^{x_1}dx_1 + 2\int x_1 e^{x_1}dx_1 + x_2^3 \int e^{x_1}dx_1\right] + c(x_2)$$

Nebenrechnung:

$$\int x_1^2 e^{x_1}dx_1 = e^{x_1}(x_1^2 - 2x_1 + 2) + c_a$$

$$\int x_1 e^{x_1} dx_1 = e^{x_1}(x_1 - 1) + c_b$$

$$\int e^{x_1} dx_1 = e^{x_1} + c_c$$

$$\Rightarrow F_1(x) = e^{x_1+x_2}\left(x_1^2 + x_2^3\right) + c(x_2)$$

Wegen: $F_1(c_1, x_2) = 0 \Rightarrow e^{c_1+x_2}\left(c_1^2 + x_2^3\right) + c(x_2) = 0 \Rightarrow c(x_2) = -e^{c_1+x_2}\left(c_1^2 + x_2^3\right)$

$$\Rightarrow F_1(x) = e^{x_1+x_2}\left(x_1^2 + x_2^3\right) - e^{c_1+x_2}\left(c_1^2 + x_2^3\right)$$

$$F_2(x) = \int f_2(c_1, x_2) dx_2 \Rightarrow F_2(x) = \int (c_1^2 + 3x_2^2 + x_2^3) e^{c_1+x_2} dx_2$$

$$= e^{c_1}\left[\int c_1^2 \left(e^{x_2} dx_2 + 3 \int x_2^2 e^{x_2} dx_2 + \int x_2^3 e^{x_2} dx_2\right)\right]$$

$$= e^{c_1}[c_1^2 e^{x_2} + 3e^{x_2}(x_2^2 - 2x_2 + 2) + x_2^3 e^{x_2} - 3[e^{x_2}(x_2^2 - 2x_2 + 2)]]$$

$$F_2(x) = e^{c_1+x_2}[c_1^2 + 3x_2^2 - 6x_2 + 6 + x_2^3 - 3x_2^2 + 6x_2 - 6]$$

$$F_2(x) = e^{c_1+x_2}[c_1^2 + x_2^3]$$

$$F(x) = F_1(x) + F_2(x) = e^{x_1+x_2}\left(x_1^2 + x_2^3\right) - e^{c_1+x_2}\left(c_1^2 + x_2^3\right) + e^{c_1+x_2}\left[c_1^2 + x_2^3\right]$$

$$F(x) = e^{x_1+x_2}\left(x_1^2 + x_2^3\right)$$

Probe:

$$\frac{\partial_1}{\partial x_1} f_2 = \frac{\partial_2}{\partial x_2} f_1$$

$$\frac{\partial}{\partial x_1} f_2 = \frac{\partial}{\partial x_1}(x_1^2 + 3x_2^2 + x_2^3)e^{x_1+x_2} = e^{x_2}\left(\frac{\partial}{\partial x_1}(x_1^2 + 3x_2^2 + x_2^3)\right)$$

$$= e^{x_2}[(x_1^2 + 3x_2^2 + x_2^3)e^{x_1} + (2x_1 + 0 + 0)e^{x_1}]$$

$$\frac{\partial_1}{\partial x_1} f_2 = e^{x_1+x_2}[x_1^2 + 3x_2^2 + x_2^3 + 2x_1]$$

$$\frac{\partial}{\partial x_2} f_1 = \frac{\partial}{\partial x_2}\left((x_1^2 + 2x_1 + x_2^3)e^{x_1+x_2}\right) = e^{x_1}\left(\frac{\partial}{\partial x_2}\left((x_1^2 + 2x_1 + x_2^3)e^{x_2}\right)\right)$$

$$= e^{x_1}[(x_1^2 + 2x_1 + x_2^3)e^{x_2} + (0 + 0 + 3x_2^2)e^{x_2}]$$

$$= e^{x_1+x_2}[x_1^2 + 2x_1 + x_2^3 + 3x_2^2]\blacksquare$$

Blatt 15: Differentialgleichungen

Aufgabe 1: Berechnen Sie die allgemeine Lösung folgender Differentialgleichungen:

a) $y' = y \sin(x)\cos(x)$, b) $y' = yx\sin^2(x)$, c) $y' = yx^2\sin(x)$, d) $y' = x^2y$.

Berechnen Sie danach jeweils die Lösung y(x) mit der Anfangsbedingung $y(0) = 1$ und skizzieren Sie y(x).

Lösung:

Zu 1a) Trennung der Variablen:

Anmerkung: Um die Übersicht nicht zu erschweren, werden Integrationsgrenzen und Funktionsvariablen nicht unterschiedlich bezeichnet.

$$y' = y \sin(x)\cos(x) \Leftrightarrow y' = \frac{dy}{dx} = y \sin(x)\cos(x) \Rightarrow \frac{dy}{y} = \sin(x)\cos(x)dx$$

$$\int^y \frac{dy}{dx} = \int^x \sin(x)\cos(x)dx \Leftrightarrow \ln(y) = \int^x \boldsymbol{sin(x)\cos(x)dx + C}$$

Lösung durch partielle Integration:

$$\int^x \sin(x)\cos(x)dx = \sin(x)\sin(x)\,|^x - \int^x \sin(x)\cos(x)dx$$

$$\int^x \sin(x)\cos(x)dx = \sin^2(x) - \int^x \sin(x)\cos(x)dx$$

$$\Rightarrow \int^x \sin(x)\cos(x)dx = \frac{1}{2}\sin^2(x) + C$$

$$\Rightarrow \int^x \sin(x)\cos(x)dx = \frac{1}{2}\sin^2(x) + C$$

$$\Rightarrow \ln(y) = \frac{1}{2}\sin^2(x) + C \Leftrightarrow y = e^{\frac{1}{2}\sin^2(x)+C}$$

$$\Leftrightarrow y = C_2 e^{\frac{1}{2}\sin^2(x)}$$

61

Bestimmung von C_2: Setze $y(0) = 1$

$$y(0) = C_2 e^{\frac{1}{2}\sin^2(0)} = C_2 e^0 \Rightarrow C_2 = 1$$

$$y = e^{\frac{1}{2}\sin^2(x)} \blacksquare$$

Skizze:

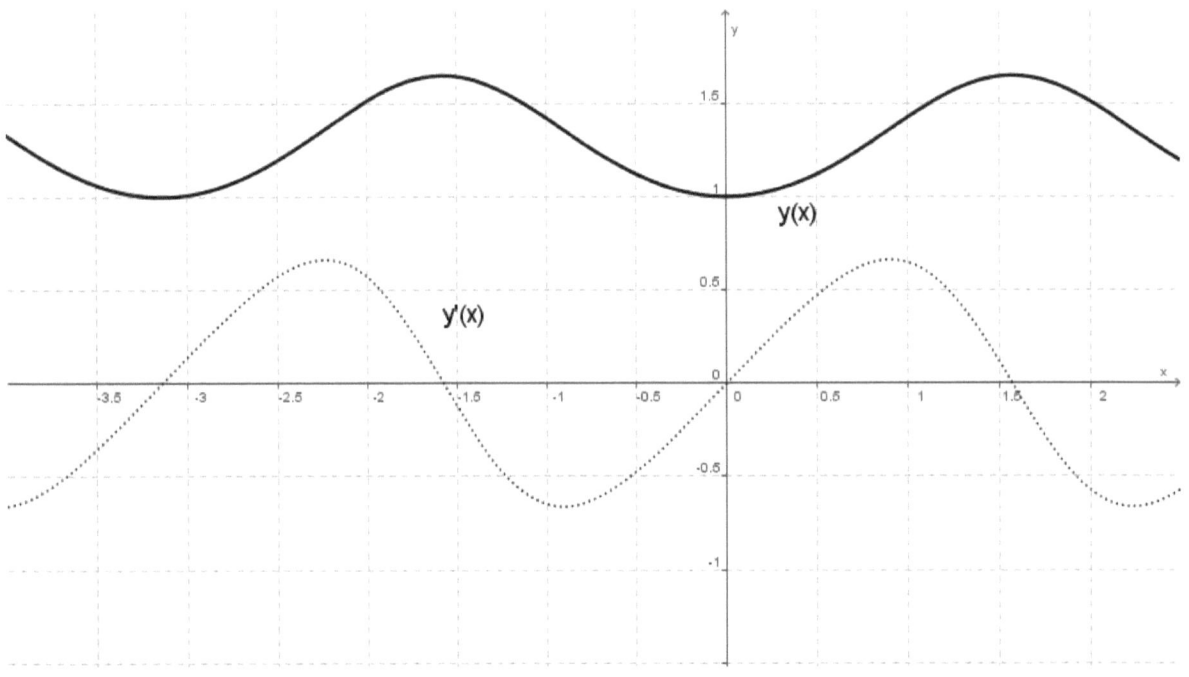

Zu 1b)

$$y' = yx\sin^2(x)$$

Ansatz: Trennung der Variablen.

$$y' = \frac{dy}{dx} = yx\sin^2(x) \Rightarrow \frac{dy}{y} = x\sin^2(x)dx$$

$$\int\limits^{y} \frac{dy}{dy} = \int\limits^{x} x\sin^2(x)dx \Leftrightarrow \ln(y) = \int\limits^{x} x\sin^2(x)dx + C$$

Lösung durch partielle Integration:

$$\int\limits^{x} x\sin^2(x)dx = x\int\limits^{x}\sin^2(x)dx - \int 1 * [\int\limits^{x}\sin^2(x)dx]dx$$

Nebenrechnung: Lösen des Integrals

$$V = \int\limits^{x} sin^2(x)dx$$

durch Anwendung der Additionstheoreme:

$$1 = sin^2(x) + cos^2(x) \text{ und } cos^2(x) - sin^2(x) = \cos(2x)$$

$$\Rightarrow sin^2(x) = \frac{1}{2}(1 - \cos(2x)).$$

Eingesetzt in das zu lösende Integral:

$$\Rightarrow V = \int\limits^{x} sin^2(x)dx = \int\limits^{x} \frac{1}{2}(1 - \cos(2x))dx = \frac{1}{2}[\int\limits^{x} dx - \int\limits^{x} \cos(2x)\,dx]$$

$$= \frac{1}{2}[x - \int\limits^{x} \cos(z)\,dz]\,, \text{mit } z = 2x \text{ und } \frac{dz}{dx} = 2$$

$$V = \int\limits^{x} sin^2(x)dx = \frac{1}{2}\left[x - \frac{1}{2}\sin(z)\right] = \frac{1}{2}(x - \frac{1}{2}\sin(2x))$$

$$\Rightarrow \int\limits^{x} V dx = \frac{1}{2}\int\limits^{x}\left(x - \frac{1}{2}\sin(2x)\right)dx = \frac{1}{2}\int\limits^{x} xdx - \frac{1}{4}\int\limits^{x} \sin(2x)\,dx$$

$$= \frac{1}{2}*\frac{1}{2}x^2 - \frac{1}{4}\int\limits^{x} \sin(2x)\,dx = \frac{1}{4}x^2 - \frac{1}{8}(-\cos(2x)) = \frac{1}{4}x^2 + \frac{1}{8}\cos(2x)$$

$$\Rightarrow \ln(y) = x*\frac{1}{2}\left[x - \frac{1}{2}\sin(2x)\right] - \left[\frac{1}{4}x^2 + \frac{1}{8}\cos(2x)\right]$$

$$\ln(y) = \frac{1}{4}(x^2 - x\sin(2x) - \frac{1}{2}\cos(2x)) + C$$

$$\Rightarrow y = Ce^{\frac{1}{4}(x^2-x\sin(2x)-\frac{1}{2}\cos(2x))}$$

Bestimmung der Konstanten C: Anfangsbedingung: $y(0) = 1$

$$y(0) = Ce^{\frac{1}{4}\left(0^2-0\sin(20)-\frac{1}{2}\cos(2*0)\right)} = Ce^{\frac{1}{4}\left(-\frac{1}{2}\right)} = Ce^{-\frac{1}{8}} = 1$$

$$\Rightarrow C = e^{\frac{1}{8}}$$

$$\Rightarrow y = e^{\frac{1}{8}} * e^{\frac{1}{4}\left(x^2 - x\sin(2x) - \frac{1}{2}\cos(2x)\right)}$$

$$y = e^{\frac{1}{4}\left(x^2 - x\sin(2x) - \frac{1}{2}\cos(2x) + \frac{1}{2}\right)} \blacksquare$$

Skizze:

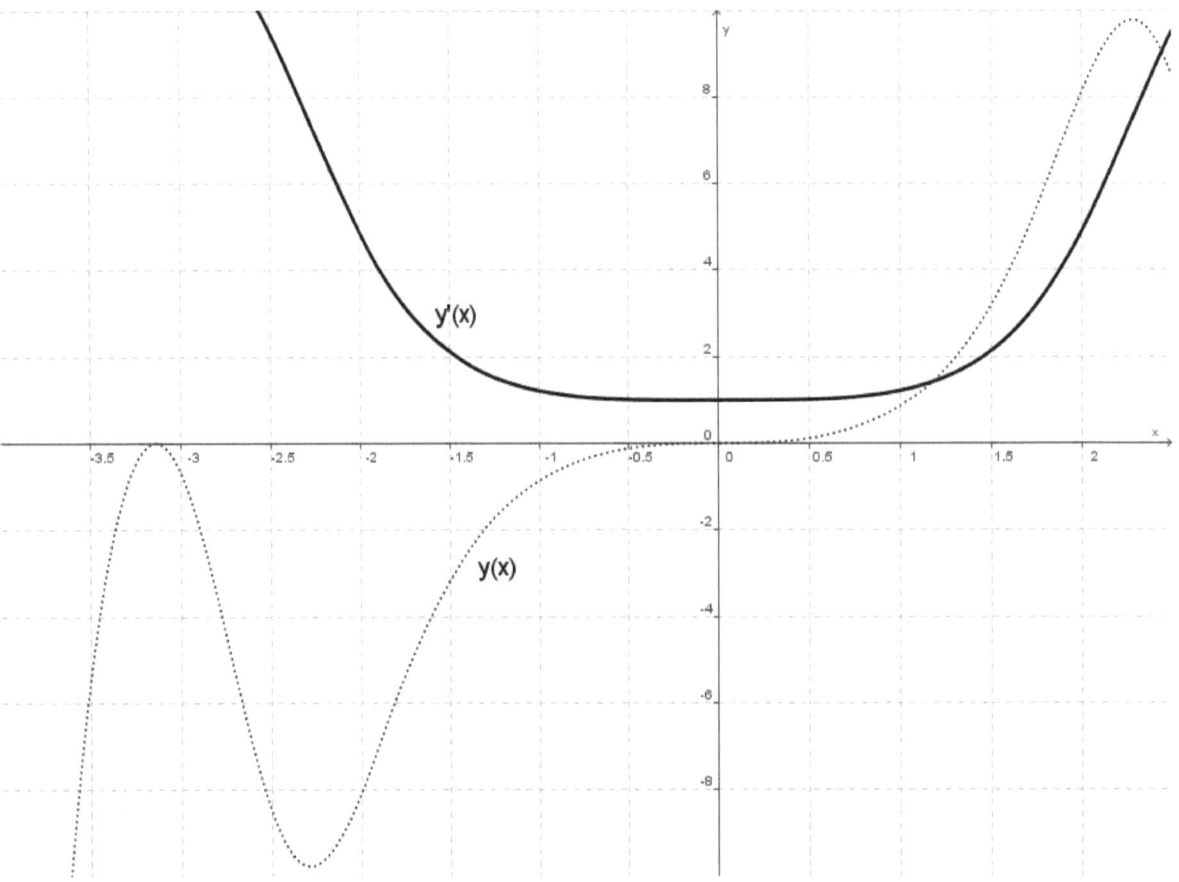

Zu 1c)

$$y' = yx^2 \sin(x)$$

Ansatz: Trennung der Variablen.

$$y' = \frac{dy}{dx} = yx^2\sin(x) \Rightarrow \frac{dy}{y} = x^2\sin(x)dx$$

$$\int\limits^{y} \frac{dy}{dy} = \int\limits^{x} x^2\sin(x)dx \Leftrightarrow \ln(y) = \int\limits^{x} x^2\sin(x)dx + C$$

Lösung durch 2x partielle Integration:

64

$$\int^x x^2 sin(x)dx = -x^2 cos(x)|^x + \int^x 2xcos(x)dx$$

$$\ln(y) = -x^2 cos(x) + 2xsin(x) - \int^x 2sin(x)dx$$

$$\ln(y) = -x^2 cos(x) + 2xsin(x) + 2cos(x) + C.$$

$$\Rightarrow y(x) = Ce^{-x^2 cos(x)+2xsin(x)+2cos(x)}$$

Bestimmung der Konstanten C: Anfangsbedingung: $y(0) = 1$

$$\Rightarrow y(0) = Ce^{-0+0+2} = 1 \Rightarrow C = e^{-2}.$$

$$\Rightarrow y(x) = e^{-x^2 cos(x)+2xsin(x)+2cos(x)-2} \blacksquare$$

Zu 1d)

$$y' = x^2 y$$

Ansatz: Trennung der Variablen.

$$y' = \frac{dy}{dx} = yx^2 \Rightarrow \frac{dy}{y} = x^2 dx$$

$$\int^y \frac{dy}{dy} = \int^x x^2 dx \Leftrightarrow \ln(y) = \frac{1}{3}x^3 + C$$

$$\Rightarrow y(x) = Ce^{\frac{1}{3}x^3}$$

Bestimmung von C: Setze $y(0) = 1$

$$\Rightarrow y(0) = Ce^0 = 1 \Rightarrow C = 1$$

$$\Rightarrow y(x) = e^{\frac{1}{3}x^3} \blacksquare$$

Skizze:

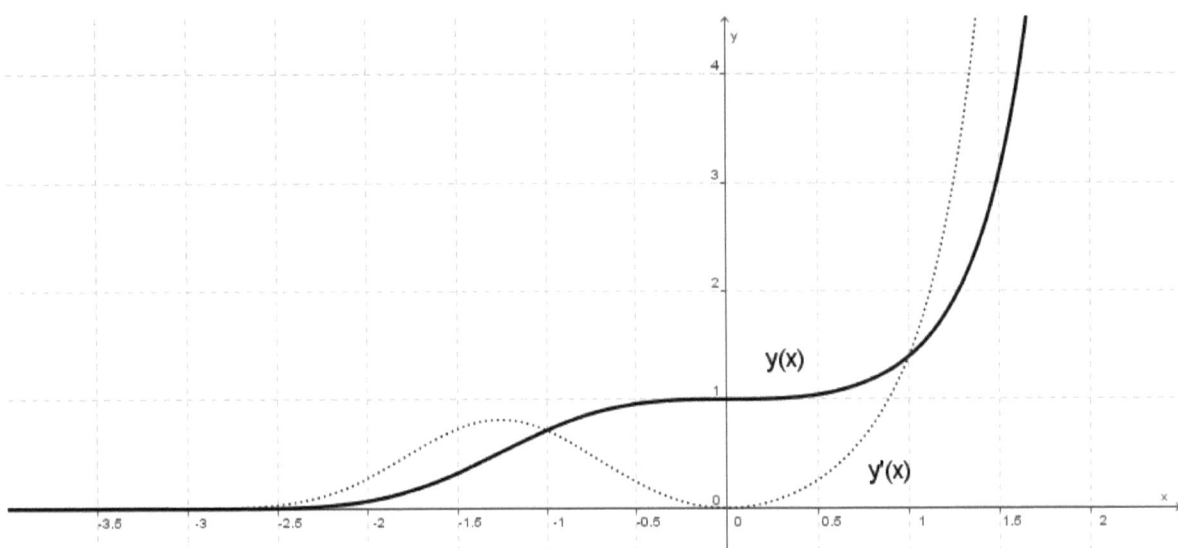

Stichwortverzeichnis